数据分析基础

宁赛飞◎主编　李小荣◎副主编

人民邮电出版社

北京

图书在版编目（CIP）数据

数据分析基础 / 宁赛飞主编. -- 北京 : 人民邮电出版社, 2018.1（2024.6重印）

高等职业院校信息技术应用"十三五"规划教材

ISBN 978-7-115-47528-2

Ⅰ. ①数… Ⅱ. ①宁… Ⅲ. ①统计数据－统计分析－高等职业教育－教材 Ⅳ. ①O212.1

中国版本图书馆CIP数据核字（2017）第312572号

内 容 提 要

本书根据数据分析的过程，系统介绍了数据的收集、数据的处理、数据的分析、数据的展现、分析报告的撰写，其中数据的处理与数据的分析为本书的重点内容。在数据处理方面，主要介绍了数据的一致性处理、缺失数据的处理、重复数据的处理、数据的转置、字段的分列、字段的匹配、数据的抽取、数据的计算及数据的修整等内容。在数据分析方面，主要介绍了数据的分组、描述性统计指标的计算、动态数列的速度指标的计算、同期平均法预测、移动平均趋势剔除法预测、相关分析与回归法、综合评价分析法、四象限分析法等内容。

本书根据高职高专学生的特点，采用案例教学模式组织内容，将理论融入案例，案例的设计由浅入深、循序渐进，案例的讲解清晰明了、图文并茂。

为了让学生能够及时检查学习效果、强化记忆和技能，每章后面都安排了丰富的练习供学生课后练习。

本书既可作为职业院校各专业学生数据分析课程的专业教材，也可作为广大数据分析爱好者的自学教材。

◆ 主　　编　宁赛飞
　　副 主 编　李小荣
　　责任编辑　古显义
　　责任印制　马振武

◆ 人民邮电出版社出版发行　　北京市丰台区成寿寺路 11 号
　　邮编　100164　　电子邮件　315@ptpress.com.cn
　　网址　https://www.ptpress.com.cn
　　涿州市京南印刷厂印刷

◆ 开本：787×1092　1/16
　　印张：11.25　　　　　　　　　2018 年 1 月第 1 版
　　字数：235 千字　　　　　　　2024 年 6 月河北第 20 次印刷

定价：32.00 元

读者服务热线：**(010)81055256**　印装质量热线：**(010)81055316**
反盗版热线：**(010)81055315**
广告经营许可证：京东市监广登字 20170147 号

前言 —— FOREWORD

大数据作为信息技术领域又一次颠覆性的技术革命，已经广泛应用于社会、经济和生活的各个方面。2016 年，我国"十三五"规划纲要明确提出：实施国家大数据战略，把大数据作为基础性战略资源，全面实施促进大数据发展的行动。

大数据颠覆了人类探索世界的方法和思维方式，改变了企业的商业模式，变革了社会、市场和企业的管理模式，这种变革也对人才需求带来了颠覆式的影响，进而对传统的教学模式提出了极大挑战。

因此，大数据时代来临后，如何加强教学改革，培养大学生的大数据思维和对数据进行分析的基本能力，是当前高职高专院校必须面对和迫切解决的问题。

本书从分析大数据时代对大学生就业能力的基本要求出发，根据高职高专院校学生的特点，尽量回避数理统计的有关定理和定义，弱化理论的推导和记忆，强化案例教学，将理论融入案例，让学生在学习案例的同时不知不觉地掌握必备的理论知识和数据分析技能。

本书根据数据分析的过程，依次介绍了数据的收集、数据的处理、数据的分析、数据的展现、分析报告的撰写，使学生在学习过程中逐步理解数据分析的流程、思维方式和分析方法。

本书的参考学时为 36 课时，建议采用理论实践一体化教学模式。各章的参考学时见下面的学时分配表。

学时分配表

课程内容	学时
第 1 章 数据分析概述	4
第 2 章 数据的收集	1
第 3 章 数据的处理	5
第 4 章 数据的分析	16
第 5 章 数据的展现	4
第 6 章 分析报告的撰写	2
复习与考评	4
课时总计	36

本书由江西信息应用职业技术学院软件工程系宁赛飞老师、李小荣老师编写，在编写过程中也得到了软件工程系领导和计算机基础教研组的大力支持。

由于编写时间仓促，加之编者水平和经验有限，书中难免有疏漏和不妥之处，恳请专家和读者批评指正。

编　者

2017 年 8 月

目录 —— CONTENTS

CONTENTS

目录 —— CONTENTS

CONTENTS

01 第1章
数据分析概述

数据分析是数学与计算机科学相结合的产物。数据分析的数学基础在 20 世纪早期就已确立，但直到计算机的出现才使得其实际操作成为可能，并使得数据分析得以推广。随着互联网的发展和大数据时代的来临，数据分析的重要性显得比任何时候都更为突出。

1.1 什么是数据分析

简单地说，数据分析是指对大量数据进行整理后，利用适当的统计分析方法，把隐藏在数据背后的信息提炼出来，并加以概括总结的过程。数据分析包括如下几个主要内容。

- ➢ 现状分析：分析已经发生了什么。
- ➢ 原因分析：分析为什么发生某一现状。
- ➢ 预测分析：分析将来可能发生什么。

1.1.1 数据分析的过程

数据分析的过程主要包括 6 个既相对独立又相互联系的阶段，下面分别进行介绍。

1．确定分析目的

做任何事情都要有目的，数据分析也不例外。明确目的在数据分析中上升到了一个非常重要的高度，甚至决定了你后面所做的一切有没有价值。如果目的不明确，南辕北辙，结果可想而知。

2．收集数据

收集数据是指根据数据分析的目的，收集相关数据的过程，它为数据分析提供素材和依据。俗话说"巧妇难为无米之炊"，没有数据，再高强的分析本领也无从施展。那么，数据怎么收集呢？可以手动收集，也可以用工具收集。

3．数据处理

数据处理是指对收集到的数据进行加工整理，将收集到的原始数据转换为可以分析的形式，并且保证数据的一致性和有效性，是数据分析前必不可少的阶段。

4．数据分析

数据分析是指用适当的分析方法和分析工具，对处理过的数据进行分析，形成有效结论的过程。

数据分析多是通过软件来完成的。这就要求我们不仅要掌握各种数据分析的原理和方法，还要熟悉分析软件的操作。本书作为数据分析的基础教材，使用 Excel 2010，通过数据分组、计算统计指标、回归分析、探索相关关系等方法对数据进行统计分析。

5．数据展现

数据分析的结果往往是一个个数据或一张数据表。这些纯数字，别说一般人看不懂，就是经常做数据分析的人，也很难用眼睛在一大堆数据里面发现信息，所以就有了数据展现。

数据展现是指把数据分析的结果进一步优化，用更加直观、有效的方式展现出来。常见的数据展现方式有统计表和统计图。

6．撰写报告

撰写报告就是把所看到的、所想到的，分析的思路、分析的结果，通过文字、表格、图表的方式记录下来，方便他人阅读和理解分析者的思路和结果。

1.1.2　数据分析的工具

做数据分析必须运用工具，没有工具的支撑，数据分析工作几乎无从开展。古语云"工欲善其事，必先利其器"，只有借助工具，才能做出高效、精准的数据分析。

数据分析的相关工具可以分成以下 3 种。

（1）存放数据的工具。在数据量大的情况下，需要动用专门的数据库软件。数据量在一百万条以内的，可以用 Excel 作为数据库。

（2）分析数据的工具。统计分析的软件很多，如 SPSS、SAS 等，但这些软件价格昂贵，普及率很低，一般情况下，个人或中小企业都不可能购买安装。对于高职院校的学生来说，最适合的分析软件莫过于 Excel，它虽不如 SPSS、SAS 功能强大，但它是一款通用软件，基本上每台计算机都会安装。Excel 所提供的函数功能、图表绘制、数据分析功能及电子表格技术，足以满足非统计专业的教学和工作需要。

（3）做分析报告的工具。我们用 Word、PowerPoint 就可以达到目的。

1.2　统计学的几个基本概念

数据分析是统计学的重要内容与扩展，因此，在学习数据分析之前，我们来学习一些统计学基本概念。

1.2.1 现象总体和现象个体

现象总体（以下简称**总体**）是由客观存在的、具有某种共同性质又有差别的许多个别单位所构成的整体。

构成总体的每一个事物或基本单位，叫**现象个体**（以下简称**个体**）。原始资料最初就是从每个个体中取得的，所以个体是各项统计数字最原始的承担者。

根据表 1-1 的数据，进一步理解什么是总体，什么是个体。

表 1-1　某学校全体学生资料一览表

姓名	性别	身高（cm）	体重（kg）	爱好
张三	男	175	68	篮球
李四	男	172	70	唱歌
王二	女	163	50	舞蹈
……	……	……	……	……

如果研究全校学生的体质特征，那么每一个学生都是一个个体，对每一个个体，都有一整行的数据用于描述这个个体。由每一行数据组成的整个表格的数据就是总体。

如果仅仅研究学生的身高，那么每一个身高数据就是一个个体，由这些身高数据组成的集合（即表中的第 3 列数据）就是总体。

总体必须具备 3 个特性：**大量性**、**同质性**和**变异性**。

（1）**大量性**：是总体的量的规定性，即指总体的形成要有一个相对规模的量，仅仅由个别单位或极少量的单位不足以构成总体。因为个别单位的数量表现可能是各种各样的，只对少数单位进行观察，其结果难以反映总体的一般特征。

（2）**同质性**：是指构成总体的各个单位至少有一种性质是共同的，同质性是将总体各单位结合起来构成总体的基础，也是总体的质的规定性。

（3）**变异性**：是指总体各个单位除了具有某种或某些共同性质以外，在其他方面则各不相同，具有质的差异和量的差别，这种差别叫变异。

另外，总体和个体也是相对而言的。随着统计研究目的及范围的变化，总体和个体可以相互转化。同一事物在不同情况下可以作为总体，也可以作为个体。

例如：在研究江西省所有工业企业的工业总产值时（见表 1-2），每个企业的工业总产值都是个体，但在研究其中某一个企业的工业总产值时，则该企业又成了总体。

表 1-2　江西省工业企业总产值一览表

企业名称	工业总产值（万元）
企业 1	4000
企业 2	6000
企业 3	9000
……	……

1.2.2 标志和标志表现

通常，每个个体具有许多属性和特征。这些属性或特征叫**标志**。标志的属性或数量在每个个体的具体表现，叫**标志表现**。

比如表 1-1 中，要研究全校学生的体质特征，每一个学生都是个体，表中的数据标题"性别""身高""体重""爱好"是用于描述这一个体的属性和特征，就叫**标志**；而"男""女""175cm""68kg""唱歌"等，就是**标志表现**。

标志按其性质可以分为**数量标志**和**品质标志**。

➤ **数量标志**：以数量的多少来表示的标志，表示事物量的特性，如表 1-1 中的"身高"和"体重"。

➤ **品质标志**：不能用数量而只能以性质属性上的差别即文字来表示的标志，表示事物质的特征，如表 1-1 中的"性别"和"爱好"。

1.2.3 统计指标

假如通过对表 1-1 的统计计算，可能得出以下统计结果：

➤ 学校总人数 5000 人

➤ 男生人数 2600 人

➤ 女生人数 2400 人

➤ 男女性别比 1.08:1

➤ 平均身高 172cm

➤ 平均体重 62kg

这些数据在统计学上都称为**统计指标**。

统计指标就是反映总体的数量特征的概念和具体数值。通常，一个完整的统计指标包含指标**名称**和指标**数值**两部分。

1.3 统计指标的分类

从不同的角度，统计指标有不同的分类方式。

1. 按反映的内容或数值表现形式划分

按照其反映的内容或其数值表现形式，可划分为总量指标、相对指标和平均指标。

（1）**总量指标**：反映总体规模的统计指标，通常以绝对数的形式来表现，因此又称为**绝对数**。总量指标是人们认识总体的起点，是计算其他统计指标的基础。

前面例子中的"总人数 5000 人""男生人数 2600 人""女生人数 2400 人"，都是总量指标。

有时，总量指标也表现为同一总体在不同的时间、空间条件下的**差数**。

例如，2005 年我国粮食总产量为 43067 万吨，2006 年我国粮食总产量比 2005 年增加了 5933 万吨，这个**增加量**也是总量指标。

（2）**相对指标**：是两个总量指标之比，因此又称**相对数**。

前面例子中的"男女性别比 1.08:1"，就是相对指标。

再如，产品合格率、同比发展速度、环比发展速度、经济增长率、物价指数、恩格尔系数、股票价格指数、固定资产增长率等，都是相对指标。

（3）**平均指标**：平均指标又称**平均数**，是总体在某一空间或时间上的平均数量状况。

前面例子中的"平均身高 172cm"和"平均体重 62kg"都是平均指标。

再如，家庭人均消费水平、人均寿命等，也是平均指标。

2．按所反映的数量特点与内容划分

按照其所反映的数量特点和内容，可划分为数量指标和质量指标。

（1）**数量指标**：反映总体的范围广度、规模大小和数量多少的指标。它表示事物外延量的大小，通常有计量单位，用**绝对数**表示。其指标数值大小随总体范围的大小而增减变动。

例如，销售量、销售额、人口总数、工业总产值等，都属于数量指标。

（2）**质量指标**：反映总体的质量、强度、经济效果等的统计指标。它表示事物内涵量的状况，通常用**相对数**或**平均数**表示。其指标的数值大小与总体范围大小没有直接的关系。

例如，商品价格、产品合格率、利润率、劳动生产率等，都属于质量指标。

1.3.1 总量指标

总量指标是指统计汇总后得到的具有计量单位的统计指标，反映研究总体在一定时期或时点的总规模、总水平或性质相同的总体规模的数量差异。

按总量指标所反映的时间状况来划分，总量指标可以分为**时期指标**和**时点指标**。

（1）**时期指标**：是反映总体在一段时间内的累计总和。

（2）**时点指标**：是反映总体在某一时点上的状态总数。

例如，商品销售额、总产值、基本建设投资额、国内生产总值、利润总额、产品销售收入等，都属于时期指标。

例如，人口数、房屋居住面积、企业数、储蓄存款余额、库存额、固定电话用户数、商品库存量、在校学生数等，都属于时点指标。

1．时期指标与时点指标的区别

（1）性质相同的时期指标的数值可以相加，而时点指标相加则无意义。

（2）同类时期指标数值的大小与时期长短有直接关系，而时点指标则没有这种关系。

（3）时期指标数值是经常登记取得，而时点指标则不是。

区分时期指标和时点指标决定了统计处理与应用上的不同，在运用时期指标和时点

指标时，应注意同一类指标若从不同的角度考虑，其性质也不同。

例如，年末人口数和年初人口数是时点指标，但年末人口数减去年初人口数＝人口净增数，人口净增数是时期指标，而不是时点指标。

2．指标与标志的区别

（1）标志是用于描述个体的，指标是用于描述总体的。

（2）标志只是一个名称，不含数值（标志表现）；指标既含名称又含数值。

3．指标与标志的联系

（1）具有对应关系。标志与指标名称往往是同一概念。

（2）具有汇总关系。统计指标的数值由标志表现汇总得来。

（3）具有变换关系。随着研究目的的变换，原有的总体转变为个体，相应的统计指标名称也就成为标志；反之亦然。

1.3.2　相对指标

相对指标分为**结构**相对指标、**对比**相对指标、**完成程度**相对指标等。

1．结构相对指标

结构相对指标又称结构相对数或**比重**指标，是在统计分组的基础上，总体中某一组的数值与总体指标数值的比值，以说明总体内部组成情况，一般用百分数表示。

$$结构相对指标＝\frac{总体某部分的数值}{总体总量}$$

例如，表1-3为我国第二次农业普查农业生产经营户数量及构成表，其中的第3列数据就是结构相对指标。

表1-3　我国第二次农业普查农业生产经营户数量及构成

按地区分组	数量（万户）	比重
东部地区	6550	32.7%
中部地区	6060	30.3%
西部地区	6128	30.6%
东北地区	1278	6.4%
合计	20016	100%

结构相对指标具有如下特点。

（1）分子分母不能互换。

（2）指标值＜1。

（3）指标值之和＝1。

常用的**合格率**、**恩格尔系数**都属于结构相对指标。

（1）合格率=$\dfrac{合格产品}{全部产品}$，说明工作质量的高低，合格率越高，工作质量越高。

（2）恩格尔系数=$\dfrac{食品支出总额}{个人消费总额}$，说明生活质量的高低，恩格尔系数越低，生活质量越高。

2. 对比相对指标

任何事物都是既有共性特征，又有个性特征的，只有通过对比，才能分辨出事物的性质、变化、发展的规律。数据分析亦如此，对庞大的数据做单独分析，通常很难发现其意义，只有将不同数据进行对比，才能发现更多本质现象。这种分析数据的方法就叫**对比分析法**。通常情况下，数据对比可以分成**静态对比**和**动态对比**。

（1）静态相对指标

静态相对指标是指同一总体在相同时间下不同组（部门、单位、地区）的数据对比，通常用比值、倍数、系数或百分数表示。

$$静态相对指标=\frac{总体中某一组的指标数值}{总体中另一组的指标数值}$$

例如，某地区某年末人口数为 1000 万人，其中男性 514 万人，女性 486 万人，该地区男性人口数是女性人口数的 105.8%，男女性别比例为 105.8:100。

再如，某月甲商场总销售额为 120 万元、乙商场总销售为 156 万元，则甲商场的总销量为乙商场的 76.9%，或者说，乙商场的总销量为甲商场的 1.3 倍。

静态相对指标有如下特点。

① 同一总体、同一指标、同一时间、不同组的数值对比。

② 分子、分母可以互换。

通过静态对比，可以了解自身的发展在行业内处于什么样的位置，哪些指标是领先的，哪些指标是落后的，进而找出下一步发展的方向和目标。

（2）动态相对指标

动态相对指标是指同一总体在**不同时间**下的数据对比，以说明总体在不同时间上的**发展变化情况**，所以也叫**发展速度**，通常用百分数表示。例如**同比发展速度**和**环比发展速度**。

① 同比发展速度=$\dfrac{报告期指标数值}{上年同期指标数值}$

② 环比发展速度=$\dfrac{报告期指标数值}{上一期指标数值}$

例如，2014 年淘宝"双 11"的单日销售总额为 571 亿元，2015 年淘宝"双 11"的单日销售总额为 912 亿元，则 2015 年的**发展速度**为 2014 年的 160%。

再如，某企业 2014—2015 年各月销售额资料如表 1-4 所示，则 2015 年 12 月的**同比发展速度**为 $\dfrac{270}{266}$=102%，2015 年 12 月的**环比发展速度**为 $\dfrac{270}{250}$=108%。

表 1-4 某企业 2014—2015 年各月销售额资料（万元）

月份	1	2	3	4	5	6	7	8	9	10	11	12
2014 年	230	253	176	105	72	52	41	36	71	144	248	266
2015 年	240	270	178	105	76	50	38	35	76	151	250	270

动态相对指标有如下特点。

① 同一总体、同一指标、不同时间的数值对比。

② 分子、分母不可以互换。

动态相对指标的计算在"4.3 动态数列的分析与预测"中有进一步的介绍。

3．完成程度相对指标

完成程度相对指标是实际完成值与目标计划值进行对比，通常用百分数表示。其计算公式为：

$$完成程度相对指标=\frac{实际完成值}{计划完成值}$$

例如，某年某商业企业，商品销售额计划指标为 3000 万元，当年该企业实际商品销售额为 3600 万元，则完成程度相对指标$=\frac{3600}{3000}=120\%$。

1.3.3 平均指标

平均指标又叫平均数，是指反映总体各单位某一数量标志值在具体时间、地点、条件下达到的一般水平的综合指标。

平均指标按计算和确定方法的不同，分为**算术平均数**和**几何平均数**。

1．算术平均数

算术平均数是指总体的总量指标与单位总数的比值。算术平均数是一种应用最为广泛的平均数，其计算公式为：

$$\overline{x}=\frac{x_1+x_2+\cdots x_n}{n}$$

例如，某班 40 名学生共捐款 4200 元，则人均捐款额$=\frac{4200}{40}=105$（元）。

2．几何平均数

几何平均数是 n 个数连乘积开 n 次方根，其计算公式为：

$$\overline{x}_G=\sqrt[n]{x_1x_2\cdots x_n}$$

对于同一组数据来说，几何平均数≤算术平均数。

几何平均数适用于计算**平均合格率、平均本利率、平均发展速度、平均增长速度**等。

例 1：某工厂生产机器，有粗加工、精加工两道连续作业的工序，所以有两个相应的生产车间，各车间产品合格率分别为 90%、80%。问：该工厂产品的平均合格率是多少？

解： 因为产品总合格率=90%×80%=72%，而不是=90%+80%=170%，所以，其平均合格率$=\sqrt{90\% \times 80\%}$=84.85%。

例2： 某公司的业绩从 2012 年开始连年增长，2013 年的发展速度为 105%，2014 年的发展速度为 110%，2015 年的发展速度为 115%。问：该公司三年来业绩的总发展速度是多少？

解： 总发展速度=105%×110%×115%=133%，而不是=105%+110%+115%=330%，所以，平均发展速度$=\sqrt[3]{105\% \times 110\% \times 115\%}$=109.92%。

例3： 某笔为期 5 年的投资按复利计算收益，第 1 年的利率为 10%，以后每年利率增加 1 个百分点。问：5 年的平均本利率是多少？

解： 第 1 年的利率是 10%，所以本利率为 1+10%=110%；第 2 年的利率增加 1 个百分点，即为 11%，本利率为 1+11%=111%；以此类推。所以，5 年的平均本利率$=\sqrt[5]{(1+10\%) \times (1+11\%) \times (1+12\%) \times (1+13\%) \times (1+14\%)}$=111.99%。

1.4 练习

1．填空题

（1）数据分析过程主要包括 6 个既相对独立又相互联系的阶段，分别是：＿＿＿＿、＿＿＿＿、＿＿＿＿、＿＿＿＿、＿＿＿＿、＿＿＿＿。

（2）每个个体具有许多属性和特征，这些属性或特征叫标志。标志的属性或数量在每个个体的具体表现叫＿＿＿＿。标志按其性质可以分为＿＿＿＿和＿＿＿＿。

（3）所谓统计指标，就是反映总体的数量特征的概念和具体数值。统计指标按照其反映的内容或其数值表现形式划分为总量指标、平均指标、相对指标。某单位组织一次活动，单位共有职工 520 人，参加此次活动的一共有 360 人，其中男职工 200 人，女职工 160 人。从以上数据可知，参加此次活动的人数占全单位的 69%，男女比例为 5:4。在这些统计数据中，"共有职工 520 人"是＿＿＿＿＿＿指标，"男职工 200 人"是＿＿＿＿＿＿指标，"参加人数占 69%"是＿＿＿＿＿＿指标，"男女比例 5:4"是＿＿＿＿指标。

2．选择题

（1）如果将数据分析的步骤精简为 4 个步骤，则 4 个步骤依次是（ ）。

    A．获取数据、处理数据、分析数据、呈现数据

    B．获取数据、呈现数据、处理数据、分析数据

    C．获取数据、处理数据、呈现数据、分析数据

    D．呈现数据、分析数据、获取数据、处理数据

（2）数据分析的主要目的是（　　　）。

    A．删除异常的和无用的数据　　　　　B．挑选出有用和有利的数据

    C．以图表的形式直观展现数据　　　　D．发现问题并提出解决方案

（3）统计调查的继续和统计分析的前提是（　　　）。

    A．数据收集　　　B．统计设计　　　C．数据处理　　　D．统计准备

（4）3名学生期末成绩分别为80、85、90，这3个数字是（　　　）。

    A．变量　　　　　B．指标　　　　　C．标志表现　　　D．标志

（5）对两个或多个数据进行比较常用对比分析法，通过分析其间的差异，揭示数据变化的情况和规律。以下关于对比分析法的叙述中，不正确的是（　　　）。

    A．对比的对象要有可比性　　　　　　B．对比数据的计算单位必须一致

    C．只有对同一时间的数据才能对比　　D．对比的指标必须统一

（6）某班级共有50名学生，其中女生20名，以下叙述正确的是（　　　）。

    A．男生占30%　　　　　　　　　　　B．女生占20%

    C．男女生比例为20:30　　　　　　　D．男女生比例为3:2

3．分析判断题

（1）分析表1-5中的数据，判断何为总体，何为个体。

表1-5　某校数理化奥赛成绩汇总表

姓名	数学	物理	化学	总分
陈登宝	90	100	87	277
寸待杨	47	51	63	161
寸德志	98	77	84	259
寸静萍	98	80	73	251
寸素香	36	41	63	140
董　露	46	43	48	137
董诗斌	66	63	92	221
董小雪	100	95	95	290
董秀秀	63	50	64	177
……	……	……	……	……

（2）判断以下哪些标志为数量标志，哪些为品质标志。

① 工人的性别、年龄、工种、工龄、工资、民族、文化程度。

② 企业的工人数、产量、产值、固定资产。

（3）判断表1-6中哪些指标是时期指标，哪些是时点指标。

表 1-6 某企业 2012—2015 年的若干统计指标

年份	职工人数（人）	销售量（台）	库存量（台）	销售额（万元）
2012	100	6200	4000	1000
2013	180	10000	5000	2000
2014	170	9000	3000	1800
2015	160	8800	6000	1600

4．计算题

（1）已知 6 名学生的月生活费分别是 750 元、800 元、920 元、950 元、1000 元和 1100 元，求其平均月生活费。

（2）某班一共有 40 名学生，他们向地震灾区捐款统计分别是 3 人 10 元、20 人 20 元、10 人 50 元、5 人 100 元、2 人 200 元，求该班级的平均捐款额。

（3）某工厂招聘人才，设有初试、笔试、面试 3 个连续环节，各环节的通过率分别为 60%、70%、80%，求招聘的平均通过率。

（4）已知某公司 2011—2015 年固定资产投资额发展速度资料如表 1-7 所示，请计算 5 年来固定资产投资额的平均发展速度。

表 1-7 某公司 2011—2015 年固定资产投资额发展速度资料

年份	2011	2012	2013	2014	2015
环比发展速度（%）	117	120	115	127	128

02 第2章
数据的收集

传统的数据收集方法主要包括实验数据、调查数据以及各种途径收集到的其他数据。这样收集得到的数据大多存在误差，容易导致分析结果的偏差。随着互联网的发展和大数据的出现，数据的收集环节实现了跨越，更多的方法是直接从网上下载海量数据。

2.1 理解数据

很多人一开始并不能清晰地认识到数据分析对数据有什么要求。正因为如此，当进行数据分析时，就会有比较迷茫、无从下手的感觉。因此，对数据的正确理解是数据分析的一个重要前提。

2.1.1 数据的类型

从不同角度、不同学科，数据类型的分类不尽相同。在 Excel 中，数据类型细分起来有很多（见图 2-1），但是归根结底还是四大类，分别是：数值、货币、日期与时间、文本。

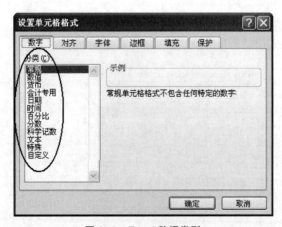

图 2-1　Excel 数据类型

在数据运算过程中，我们发现，数值、货币、日期与时间都可以进行加、减、乘、除等算术运算，所以统称为**数值型**；而文本只能进行简单的"计数"，不能进行算术运算，仍称**文本型**。

所以，在 Excel 数据分析中，我们把数据类型分成两种：**数值型**数据和**文本型**数据。**数值型**数据对应统计学中的**数量标志**的标志表现，**文本型**数据对应统计学中的**品质标志**的标志表现。

2.1.2 数据的呈现形式

数据分析研究的并不是一两个数据，而是由许多数据放在一起组成的一个总体。这种数据总体的呈现形式通常有两种。

1．不同个体在同一标志上的不同取值

在 Excel 中，这样的数据可以排成一列，也可以排成一行或一个矩形块。某公司 100 名职工的月基本工资数据资料如图 2-2 和图 2-3 所示。

	A
1	基本工资
2	2390
3	2350
4	2380
5	2360
6	2430
7	2460
8	2440
9	2620
10	2170
11	2600

图 2-2 单列数据

	A	B	C	D	E	F	G	H	I	J
1				100名职工的基本工资						
2	2390	2350	2380	2360	2430	2460	2440	2620	2170	2600
3	2650	2620	2640	2630	2320	2350	2380	2420	2490	2490
4	2510	2530	2540	2590	2620	2650	2700	2690	2370	2350
5	2380	2410	2440	2470	2500	2530	2560	2590	2620	2650
6	2680	2690	2320	2350	2380	2410	2440	2475	2500	2525
7	2560	2620	2630	2670	2690	2660	2320	2350	2380	2410
8	2440	2470	2500	2530	2560	2590	2620	2650	2680	2610
9	2320	2350	2380	2410	2440	2472	2500	2528	2560	2590
10	2620	2650	2680	2670	2320	2350	2380	2410	2440	2470
11	2500	2530	2560	2590	2620	2650	2680	2670	2370	2350

图 2-3 矩形块数据

2．数据清单

不同个体在多个标志上的取值所组成的二维表格，在 Excel 中叫数据清单，如图 2-4 所示。

姓名	学校	年级	数学	物理	化学	总分
寸待杨	一中	高二	47	51	63	161
寸素香	二中	高三	36	41	63	140
寸静萍	四中	高一	98	80	73	251
寸德志	一中	高一	98	77	84	259
尹兴帅	一中	高二	97	78	100	275
尹兴松	二中	高一	69	73	64	206
尹丽蓉	二中	高三	84	75	66	225

图 2-4 数据清单

Excel 数据清单包含一行列标题和多行数据，清单中的每一列称为一个**字段**，列标题称为**字段名**（即统计学中的**标志**）；清单中的每一列数据的类型和格式完全相同；清单中每一行数据称为一条**记录**。

数据清单中不能有合并单元格的形式。

多个相关的数据清单在一起，就称为一个数据库。

2.2 数据的来源

根据数据的来源不同，可以将数据分成一手数据和二手数据。

2.2.1 一手数据

一手数据也称为原始数据，是指通过调查或实验等方式直接获得的数据。获取一手数据的方法有：观察法、采访法、问卷调查法、抽样调查法、实验法、报告法等。

1．观察法

观察法是指调查人员亲自到现场对调查对象进行观察，在被调查者不察觉的情况下获得数据资料的一种调查方法。其特点是资料一般准确，但人力耗费大、时间长。

例如，在对农作物收获量进行调查时，调查人员到调查地区参加收割和计量；在研究工人劳动消耗量时，调查者测定完成作业所需的时间等的计量都是采用直接观察法。

2．采访法

采访法是通过指派调查人员对被调查者提问，据被调查者的答复取得资料的一种调查方法。其特点是资料准确、全面，但需人多。

例如，第二次全国农业普查部分资料的收集、人口调查、一些专题性个案的调查等采用的都是采访法。

3．问卷调查法

问卷调查法是把调查项目列于表格上形成问卷，通过发放问卷搜集调查对象情况的一种采集资料的方法。问卷中问题的设计应注意以下原则。

（1）具体性原则，即问题的内容要具体，不要提抽象、笼统的问题。

（2）单一性原则，即问题的内容要单一，不要把两个或两个以上的问题合在一起提。

（3）通俗性原则，即表述问题的语言要通俗，不要使用使被调查者感到陌生的语言，特别要避免使用过于专业的术语。

（4）准确性原则，即表述问题的语言要准确，不要使用模棱两可、含混不清或容易产生歧义的语言或概念。

（5）简明性原则，即表述问题的语言应该尽可能简单明确，不要冗长和啰唆。

（6）客观性原则，即表述问题的语言要客观，不要有诱导性或倾向性语言。

（7）非否定性原则，即要避免使用否定句形式表述问题。

（8）可能性原则，即必须符合被调查者回答问题的能力。凡是超越被调查者理解能力、记忆能力、计算能力、回答能力的问题，都不应该提出。

（9）自愿性原则，即必须考虑被调查者是否自愿真实回答问题。凡被调查者不可能自愿真实回答的问题，都不应该正面提出。

4．抽样调查法

抽样调查法是根据随机性原则，从研究对象的总体中抽取一部分个体作为样本进行调查研究，据此推断有关总体的数字特征的研究方法。抽样应遵循以下原则。

（1）随机取样。

（2）取样应具有代表性。

（3）若样本由具有明显不同特征的部分组成，应按比例从各部分抽样。

5．实验法

实验法是在设定的特殊实验场所、特殊状态下，对调查对象进行实验以获得所需的资料。

6．报告法

报告法是通过报告单位根据一定的原始记录和台账，根据统计表的格式和要求，按照隶属关系，逐级向有关部门提供统计资料的一种调查方法。其特点是取得资料快、节省人力物力。

原始记录是基层单位通过一定的表格形式对生产经营活动所做的最初记录。

台账是基层单位根据填报统计表的要求，用一定的表格形式，将分散的原始资料按时间先后顺序进行登记的账册。

7．自动生成

在大数据时代，数据的产生方式呈现多样化，如从传感器、摄像头自动收集的数据，电子商务在线交易日志数据、应用服务器日志数据等自动保存的数据都是自动生成的数据。

2.2.2 二手数据

二手数据也称为次级数据，是指那些从同行或一些媒体上获得的、经过加工整理的数据，比如国家统计局定期发布的各种数据，从报纸、电视上获取的各种数据。

1．导入 Access 数据

（1）在 Excel 中单击"数据"｜"自 Access"按钮，如图 2-5 所示。

图 2-5 导入 Access 数据

（2）在弹出的对话框中选择需要的 Access 文件"图书销售.accdb"，如图 2-6 所示。

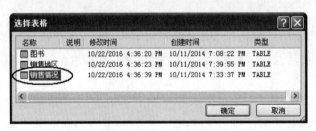

图 2-6　选择 Access 文件

（3）单击"打开"按钮，在弹出的对话框中选择需要的表"销售情况"，如图 2-7
所示。

图 2-7　选择 Access 表

（4）在弹出的对话框中确定数据的显示方式和放置位置，如图 2-8 所示。

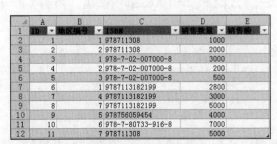

图 2-8　选择显示方式和放置位置

（5）单击"确定"按钮，导入的结果如图 2-9 所示。

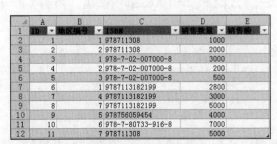

图 2-9　导入的结果

2．导入网站表格数据

（1）在 Excel 中单击"数据"|"自网站"按钮，如图 2-10 所示。

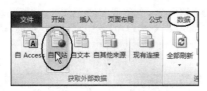

图 2-10　导入网站数据

（2）输入或复制并粘贴网址。此处为方便演示，采用下面的网址：http://www.moe. gov.cn/publicfiles/business/htmlfiles/moe/s7382/201305/152556.html。网页显示完毕后，单击要导入表格左上角的▣，再单击"导入"按钮，如图 2-11 所示。

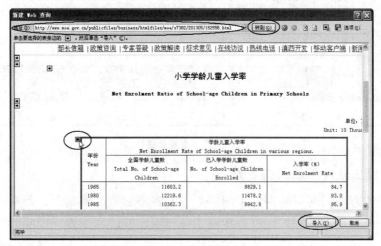

图 2-11　选择导入的表格

导入的结果如图 2-12 所示。

	A	B	C	D	E
1	年份	学龄儿童入学率			
2	Year	Net Enrollment Rate of School-age Children in various regions.			
3		全国学龄儿童数	已入学学龄儿童数	入学率（%）	
4		Total No. of School	No. of School-age	Net Enrolment Rate	
5	1965	11603.2	9829.1	84.7	
6	1980	12219.6	11478.2	93	
7	1985	10362.3	9942.8	95.9	
8	1990	9740.7	9529.7	97.8	
9	1999	12991.4	12872.8	99.1	
10	2000	12445.3	12333.9	99.1	
11	2001	11766.4	11561.2	99.1	
12	2002	11310.4	11150	98.6	
13	2003	10908.3	10761.6	98.7	
14	2004	10548.1	10437.1	98.9	
15	2005	10207	10120.3	99.2	
16	2006	10075.5	10001.5	99.3	
17	2007	9947.9	9896.8	99.5	
18	2008	9772	9727.1	99.5	
19	2009	9606.6	9548.6	99.4	
20	2010	9501.5	9473.3	99.7	
21	2011	9522.4	9502.5	99.8	

图 2-12　导入的结果

（3）也可以选择网页上的数据后，单击鼠标右键，在弹出的快捷菜单中选择"复制"命令，如图 2-13 所示，再到 Excel 中粘贴即可。

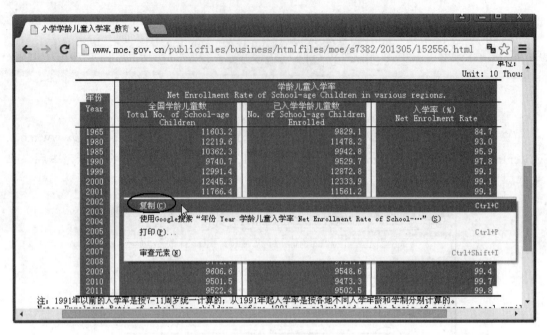

图 2-13　复制数据

3．利用爬虫软件下载网络数据

前面介绍的方法只能下载网络上已经汇总的表格数据，事实上，万维网上更多的数据是以非表格形式呈现的。如何有效地提取并利用这些信息成为一个巨大的挑战。

为了解决上述问题，定向抓取相关网页资源的软件——聚焦网络爬虫应运而生。聚焦网络爬虫是一种能自动下载万维网数据的程序，它能按照一定的规则，根据既定的目标，自动地抓取万维网上的数据。

2.3　练习

1．选择题

（1）在电子表格中输入身份证号码时，宜采用的数据格式是（　　　）。

　　A．货币　　　　　　B．数值　　　　　　C．文本　　　　　　D．科学记数

（2）以下关于抽样调查的叙述中，正确的是（　　　）。

　　A．抽样调查应随机抽取样本进行调查并对总体做出统计估计和推断

　　B．抽样调查的样本数量和调查的时间段应随机确定，排除主观因素

　　C．抽样调查应依靠各级机构和专家全面选择各类典型代表进行调查

D. 抽样调查的结论等于将样本调查的结果按样本比例放大后的结果

（3）抽样调查是收集数据的重要方法之一，抽样调查所遵循的原则不包括（　　）。

A. 随机选择，避免主观　　　　　　　　B. 数量上可以估算总体指标

C. 减少统计误差　　　　　　　　　　　D. 追求准确性重于成本和效率

（4）以下关于数据收集的叙述中，不正确的是（　　）。

A. 数据采集的工作量与费用都占信息处理相当大的比重

B. 数据收集时需要获得描述客观事物的全部信息

C. 数据输出的质量取决于数据收集的质量

D. 数据收集后还需要进行校验以保证其正确性

（5）问卷调查中，问卷的设计是关键，其设计原则不包括（　　）。

A. 所选问句必须紧扣主题，先易后难

B. 要尽量提供问题选项

C. 问卷中应尽量使用专业术语，让他人无可挑剔

D. 要便于检验，整理和统计

（6）以下除（　　）外，常选定为数据收集的途径。

A. 根据计划到选定地区或机构做问卷调查

B. 从有关企业的数据库中检索相关的数据

C. 从网络论坛上搜索大家发布的相关数据

D. 各级政府和行业机构发布的年度统计表

（7）收集数据时，设计调查的问题很重要。此时，需要注意的原则不包括（　　）。

A. 要保护被调查者的个人隐私　　　　　B. 应全部采用选择题

C. 不要有倾向性提示或暗示　　　　　　D. 所有术语要通俗易懂，不含糊

（8）二手数据是指（　　）。

A. 他人使用过的、陈旧的数据　　　　　B. 过期淘汰的、已失效的数据

C. 由他人收集整理加工后的数据　　　　D. 由他人传过来的数据

（9）数据收集的基本原则中不包括（　　）。

A. 符合时间要求　　B. 符合统计结果　　C. 按计划进行　　　D. 数据真实

（10）一般来说，信息处理的过程中，最费时间和成本的阶段是（　　）。

A. 数据收集　　　　B. 数据整理　　　　C. 数据加工　　　　D. 数据表达

（11）常用的数据收集方法一般不包括（　　）。

A. 设备自动采集　　B. 数学模型计算　　C. 问卷调查　　　　D. 查阅文献

（12）数据收集后需要进行检验，检验的内容不应包括（　　）。

A. 数据是否属于规划的收集范围　　　　B. 数据是否有错

C. 数据是否有利于设定的统计结果　　　D. 数据是否可靠

（13）抽样调查的目标是（　　）。

A. 控制调查结果　　　　　　　　　　　B. 修正普查得到的结果

C．缩小调查范围　　　　　　　　D．用样本统计量推算总体参数

（14）社会化调查问卷中，对问题设计的要求一般不包括（　　　）。

　　A．以选择答案的问题为主　　　B．问题要明确，不含糊

　　C．用专业术语代替俗称　　　　D．不要诱导性地提问

（15）数据源有多种，从传感器、智能仪表自动发送过来的数据属于（　　　）。

　　A．业务办理数据　B．调查统计数据　C．物理收集数据　D．互联网交互数据

2．操作题

　　请调查收集全班各位同学的姓名、学号、性别、年龄、籍贯、身高、体重、爱好、本人月生活费、上学期考试科目平均分。

03 第3章
数据的处理

数据处理的基本目的是将大量的、杂乱无章、难以理解的数据加工整理成便于数据分析的数据。数据处理主要包括数据的清洗和数据的简单加工。

3.1 数据清洗

数据清洗就是将格式错误的数据进行处理纠正，将错误的数据纠正或删除，将缺失的数据补充完整，将重复多余的数据删除。

3.1.1 数据一致性处理

通过统计调查收集上来的数据，经常会出现同一字段的数据格式不一致的问题，如图 3-1 所示。这会直接影响后续的数据分析，所以必须对数据的格式做出一致性处理。

	A	B	C	D	E	F	G	H	I	J	K	L
1	姓名	性别	身高（cm）	体重（kg）	年龄	是否独生子女	月生活费	家庭成员数	家庭年收入（万）	家庭住房面积（平方）	每周课外学习时间	各科平均成绩
2	柴鹏程	男	187	70	20	是	800	6	60000	95	4	66
3	陈昊	男	178	86	18	否	1000	5	6万	120	7小时	73
4	陈虎	男	178	83	17	是	1000	3	7万	80	4小时	84
5	陈健广	男	173	72	19	是	1000	3	100000	100	6	63
6	陈旭明	男	172	57	18	是	1000	4	50000	130	6	80
7	陈志伟	男	175cm	61kg	18	否	1000元	4	6万	200	17h	82
8	陈子健	男	175	68	18	是	1500	5	100000	230	3.5	75
9	郭雨鑫	女	164	53	19	是	1000	3	60000	90	3	70
10	杭鑫业	男	175cm	65kg	19	是	1000元	3	5万	200	14h	85
11	胡涛	男	165cm	51kg	19	否	1500元	4	3万	150	6h	75
12	黄洁	女	159	58	20	否	600	4	50000	120	4	78
13	黄梦云	女	164	56		是	800	3	100000	100	3	74
14	简鑫	男	164	52	20	是	1200	3	70000	308	4	77
15	蒋英杰	男	175	75	18	否	1500	4	6万	300	8	85
16	柯有亮	男	172	72	20	否	1000	4	6万	120	7小时	80
17	李兰婷	女	170	48		否	1200	4	60000	140	4小时	75
18	李小明	男	160	55	20	否	800	4	50000	180	5	73
19	李炎煜	女	165	60		是	1000	3	50000	95	3	73
20	李永康	男	180	70	19	否	1000	5	100000	150	6	77

图 3-1　数据格式不一致的资料

下面就以图 3-1 所示的数据为例，将"身高"这个字段中的数据去掉字符"cm"。打开 Excel 文件"数据处理.xlsx"，找到"数据清洗"工作表。

（1）把鼠标指针移到字母 C 上，当指针变成 ⬇ 时，单击选择 C 列，如图 3-2 所示。

（2）选择"查找和选择"|"替换"命令，如图 3-3 所示。

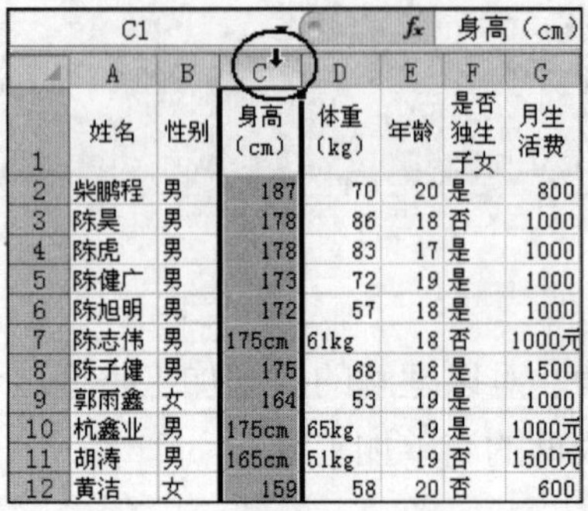

图 3-2　选择 C 列

图 3-3　选择"替换"命令

（3）在"查找和替换"对话框的"查找内容"中输入"cm"，设置"替换为"为空，单击"全部替换"按钮完成替换，如图 3-4 所示。

图 3-4　输入查找内容和替换内容

替换后的结果如图 3-5 所示。

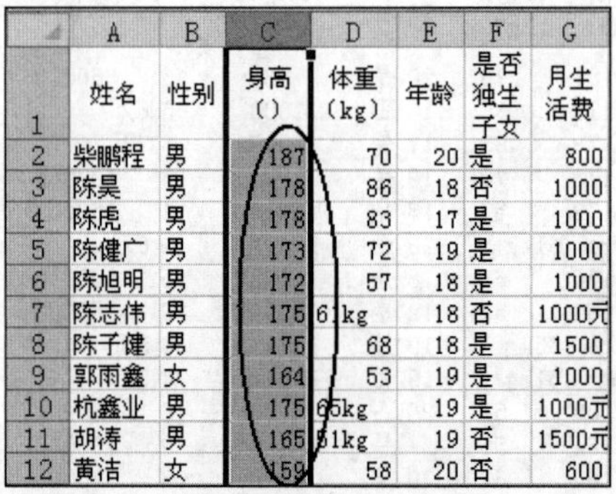

图 3-5　替换后的结果

3.1.2　缺失数据的处理

数据清单中，单元格如果出现空值，就认为数据存在缺失。缺失数据的处理方法通常有以下 3 种：

➢　用样本均值（或众数、中位数）代替缺失值；

➢　将有缺失值的记录删除；

➢ 保留该记录，在要用到该值做分析时，将其临时删除。

首先来解决如何发现缺失数据，仅靠眼睛来搜索缺失数据显然是不现实的，一般我们用"定位条件"来查找缺失数据的单元格。下面演示将"年龄"字段中的**空值**均替换为"18"。

（1）选择"年龄"所在的 E 列。

（2）选择"查找和选择"|"定位条件"命令，如图 3-6 所示。

（3）在"定位条件"对话框中，选中"空值"单选项，如图 3-7 所示。

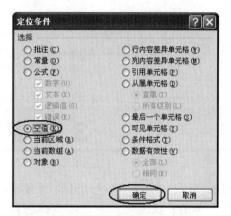

图 3-6　选择"定位条件"命令　　　　图 3-7　选择定位条件"空值"

（4）单击"确定"按钮后，E 列所有的空白单元格呈选中状态，如图 3-8 所示。

	A	B	C	D	E	F
12	黄洁	女	159	58	20	否
13	黄梦云	女	164	56		是
14	简鑫	男	164	62	20	是
15	蒋英杰	男	175	75	18	否
16	柯有亮	男	172	72	20	否
17	李兰婷	女	170	48		否
18	李小明	男	160	55	20	否
19	李炎煜	女	165	60		是
20	李永康	男	180	70	19	否
21	李玉宝	男	169	60		否
22	李煜东	男	172	68		是

图 3-8　查找到所有空白单元格

（5）输入替代值"18"，按 Ctrl+Enter 组合键确认，结果如图 3-9 所示。

	A	B	C	D	E	F
12	黄洁	女	159	58	20	否
13	黄梦云	女	164	56	18	是
14	简鑫	男	164	52	20	否
15	蒋英杰	男	175	75	18	否
16	柯有亮	男	172	72	20	否
17	李兰婷	女	170	48	18	否
18	李小明	男	160	55	20	否
19	李炎煜	女	165	60	18	是
20	李永康	男	180	70	19	否
21	李玉宝	男	169	60	18	否
22	李煜东	男	172	68	18	是

图 3-9　统一输入新的数据

23

3.1.3 删除重复记录

重复记录是指每个字段都完全相同的记录。如果一条记录重复出现，也会带来计算的错误，因此在分析数据之前必须将其删除。

删除重复记录的操作极其简单，只需单击数据表的任意位置，再单击"数据"|"删除重复项"按钮即可，如图 3-10 所示。

图 3-10　删除重复项

3.2　数据加工

经过清洗后的数据并不一定是我们想要的数据，因此可能还要对数据进行信息提取、计算、分组、转换等加工，让它变成我们想要的数据。数据加工的手段主要有数据转置、字段分列、字段匹配、数据抽取、数据计算。

3.2.1 数据转置

有时候，我们拿到的数据可能是横行显示的，而数据清单中的数据却要纵列显示，此时可以用数据的"转置"功能转行为列。

操作的方法是：先复制好横行数据，然后在粘贴时单击"开始"|"剪贴板"组"粘贴"按钮下面的三角箭头，单击"转置"按钮即可，如图 3-11 所示。

图 3-11　转置性粘贴

3.2.2 字段分列

字段分列就是将一个字段分成两个字段。

例如，将文件"数据处理.xlsx"中的"字段分列"工作表的"姓名"分成"姓"和"名"两列，操作如下。

（1）选择"字段分列"工作表的 A 列数据，如图 3-12 所示。

（2）单击"数据"|"分列"按钮，如图 3-13 所示。

图 3-12　选择 A 列　　　　　　　　　　　　　图 3-13　数据分列

（3）要将字段"姓名"中的第一个字分列出来，所以选中"固定列宽"单选项，如图 3-14 所示。

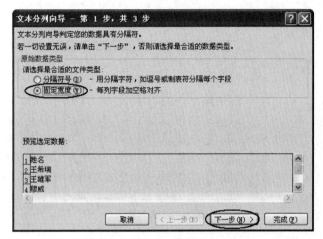

图 3-14　选中"固定列宽"单选项

（4）单击"下一步"按钮，在刻度尺上单击鼠标确定分列的位置，如图 3-15 所示。

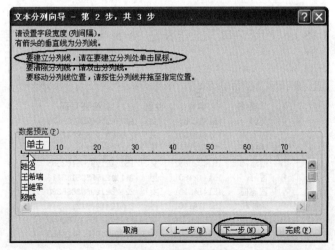

图 3-15　确定分列位置

（5）单击"下一步"按钮，确定目标区域的起点单元格 D1，如图 3-16 所示。

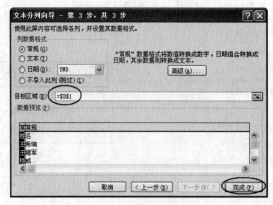

图 3-16　确定目标区域

（6）单击"完成"按钮，分列的结果如图 3-17 所示。

	A	B	C	D	E
1	姓名	性别	出生年月	姓	名
2	王希瑞	男	1970-12-20	王	希瑞
3	王雄军	男	1971-6-25	王	雄军
4	穆威	男	1971-12-13	穆	威
5	温永荣	男	1972-3-19	温	永荣
6	黄洁	女	1972-7-18	黄	洁
7	吴天虎	男	1972-9-28	吴	天虎
8	吴伟	男	1973-5-3	吴	伟
9	吴昱欣	男	1973-10-28	吴	昱欣
10	徐天赐	男	1974-2-16	徐	天赐
11	杨翀	男	1974-6-19	杨	翀
12	梅闻鼎	男	1974-8-29	梅	闻鼎
13	杨久祥	男	1975-2-25	杨	久祥
14	杨明	男	1976-2-5	杨	明

图 3-17　分列结果

3.2.3　字段匹配

字段匹配就是将原数据清单中没有但其他数据清单中有的字段匹配过来。

例如，文件"数据处理.xlsx"中的"全校名单"工作表是某校 2015 级全体学生的基本信息（见图 3-18），"四级名单"工作表是 2015 级学生中报考了英语四级的学生名单（见图 3-19）。

	A	B	C	D
1	姓名	学号	性别	身份证号码
2	艾城	1514120801	女	120102199701306123
3	白有成	1514121501	男	130104199602082817
4	毕程喜	1514821524	男	141123199709166436
5	蔡志涛	1514820832	女	151512199709182585
6	曹峰	1514121601	男	211112199605113116
7	曹志丽	1514140101	女	221202199608065380
8	柴鹏程	1515141401	男	230104199612127579
9	陈成晟	1515122719	女	310106199601060048
10	陈楚宇	1514120802	男	322114199609124953

图 3-18　"全校名单"工作表

	A	B	C
1	姓名	学号	性别
2	白有成	1514121501	男
3	曹峰	1514121601	男
4	曹志丽	1514140101	女
5	陈慧琴	1514140401	女
6	陈健广	1515141404	男
7	陈岚玲	1514140102	女
8	陈晴云	1514140201	男
9	陈旭明	1515141405	男
10	程激武	1514121401	男

图 3-19 "四级名单"工作表

由于报名工作的失误，"四级名单"中漏登了"身份证号码"资料。这时，可以利用函数 vlookup 将"全校名单"中的"身份证号码"一栏的资料匹配到"四级名单"中，操作步骤如下。

（1）将"白有成"的身份证号码匹配到单元格 D2。

① 单击"四级名单"工作表中的单元格 D2，插入函数 vlookup，打开 vlookup 的"函数参数"对话框。

② 在"函数参数"对话框中，单击第 1 个输入框（此参数为搜索的关键字），再单击 B2 设定搜索的内容为 B2（即"白有成"学号"1514121501"）。因为姓名是很容易重复的，所以不建议按"姓名"搜索，而学号是不会重复的，所以按"学号"搜索更合理准确。

③ 单击第 2 个输入框（此参数为搜索的区域），再切换到"全校名单"工作表，选择 B、C、D 三列。

要提醒大家的是：搜索区域的第 1 个字段必须和搜索的字段相同。此处是按"学号"来搜索的，那么搜索区域的第 1 个字段就必须是"学号"，所以搜索区域不能从 A 列开始，而要从 B 列开始。

④ 单击第 3 个输入框（此参数为返回值所在的列数）。此处希望返回"身份证号码"，而"身份证号码"位于搜索区域的第 3 列，所以输入数字"3"。

⑤ 在第 4 个输入框中输入"false"或"0"，表示匹配的方式为"精确匹配"。

⑥ 确定后得到白有成的身份证号码"130104199602082817"。

单元格 D2 中 vlookup 函数的所有参数设置如图 3-20 所示。

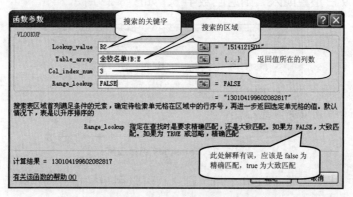

图 3-20 vlookup 函数的参数设置

（2）双击 D2 的填充柄完成填充，将所有人的身份证号码都匹配过来，结果如图 3-21 所示。

	A	B	C	D
1	姓名	学号	性别	身份证号码
2	白有成	1514121501	男	130104199602082817
3	曹峰	1514121601	男	211112199605113116
4	曹志丽	1514140101	女	221202199608065380
5	陈慧琴	1514140401	女	360211199602104389
6	陈健广	1515141404	男	371234199511017619
7	陈岚玲	1514140102	女	421215199703084323
8	陈晴云	1514140201	男	431315199612182037
9	陈旭明	1515141405	男	502148199704278139
10	程激武	1514121401	男	621201199604059593

图 3-21　匹配结果

3.2.4　数据抽取

数据抽取是指利用原数据清单中某些字段的部分信息得到一个新字段。

常用的数据抽取函数有 left()、right()、mid()、year()、month()、day()、weekday()。

（1）left(文本字符串,截取的长度)——从文本字符串的左边截取指定个数的字符，例如 left("computer",3)=com。

（2）right(文本字符串,截取的长度)——从文本字符串的右边截取指定个数的字符，例如 right("computer",3)=ter。

（3）mid(文本字符串,起点位置,截取的长度) ——从文本字符串的中间某个位置开始，截取指定个数的字符，例如 mid("computer",4,2)=pu。

（4）year(日期) ——从日期型数据中提取年份，例如 year("2016-12-19")=2016。

（5）month(日期) ——从日期型数据中提取月份（1～12），例如 month("2016-12-19")=12。

（6）day(日期) ——从日期型数据中提取日（1～31），例如 day("2016-12-19")=19。

（7）weekday(日期,2) ——返回日期型数据的星期（1～7）。1 表示星期一，2 表示星期二，3 表示星期三，4 表示星期四，5 表示星期五，6 表示星期六，7 表示星期天。比如 2013 年 3 月 9 日是星期六，则返回数字 6，如图 3-22 所示。

E2			f_x	=WEEKDAY(A2, 2)
	A	B	C	D	E
1	成交日期	年	月	日	星期
2	2013-3-9	2013	3	9	6
3	2014-5-8				
4	2015-10-23				
5	2015-11-11				
6	2016-6-12				

图 3-22　weekday 函数应用

在 Excel 中，日期型数据的年、月、日之间可以用短横杠（-）、斜杠（/）或汉字"年月日"分隔，不能用点（.）或顿号（、）分隔。但原始数据经常会见到用点（.）分隔的日期，这时就不能用 year、month、day 函数提取年、月、日，而应先对数据进行清洗，用横杠（-）替换点（.），将其变成正确的日期格式，再做进一步的数据分析。

3.2.5 数据计算

有时候，我们需要的数据并不存在于数据表中，而是要通过对其他字段进行数学计算或函数计算来获取。

例 1：文件"数据处理.xlsx"的"数据计算 1"工作表中只有"销量"和"单价"，没有"销售额"，可以通过公式"销售额=单价×销量"来计算销售额，如图 3-23 所示。

D2		f_x =B2*C2		
	A	B	C	D
1	商品名称	单价	销量	销售额
2	时尚女士手链	98	2845	¥ 278,810
3	爱心四叶草日韩手镯	299	1278	
4	男士紫檀木佛珠216颗开光	699	1082	
5	钛钢手镯手环	188	2358	
6	天然黑曜石	168	2689	

图 3-23　计算销售额

例 2：文件"数据处理.xlsx"的"数据计算 2"工作表中只有"成交单数"和"好评单数"，可以通过公式"好评率=$\dfrac{好评单数}{成交单数}$×100%"来计算好评率，如图 3-24 所示。

D2		f_x =C2/B2		
	A	B	C	D
1	商品名称	成交单数	好评单数	好评率
2	时尚女士手链	2280	2180	96%
3	爱心四叶草日韩手镯	986	920	
4	男士紫檀木佛珠216颗开光	890	780	
5	钛钢手镯手环	2186	1986	
6	天然黑曜石	2478	2228	

图 3-24　计算好评率

例 3：文件"数据处理.xlsx"的"数据计算 3"工作表中，已知商品的"上架日期"和"下架日期"，可以通过公式"销售天数=下架日期-上架日期"来计算商品的销售天数，如图 3-25 所示。

D2		f_x =C2-B2		
	A	B	C	D	E
1	商品名称	上架日期	下架日期	销售天数	销售年数
2	时尚女士手链	2013-1-7	2016-8-1	1302	
3	爱心四叶草	2012-8-28	2014-2-8		
4	男士紫檀木	2014-5-29	2015-8-21		
5	钛钢手镯手	2013-3-8	2016-10-1		
6	天然黑曜石	2014-8-10	2016-10-24		

图 3-25　计算销售天数

例 4：文件"数据处理.xlsx"的"数据计算 4"工作表中，已知商品的"上架日期"，要计算迄今为止的上架天数，可以用函数 today 来获取当天的日期，用公式"=today()-B2"来计算上架天数，如图 3-26 所示。

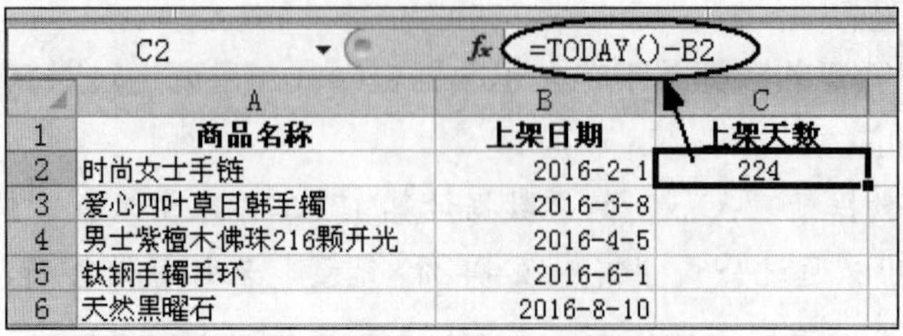

图 3-26　计算上架天数

注意：利用函数 today()获得的日期是动态的，每天都会变，到第二天打开工作表一看，上架天数已经自动更新了，非常方便。

如果要计算两个日期之间相隔的年数，自然就可以用它们的差除以 360。

例 5：文件"数据处理.xlsx"的"数据计算 3"工作表中，可以用公式"=D2/360"计算销售年数，结果为 3.6，如图 3-27 所示。

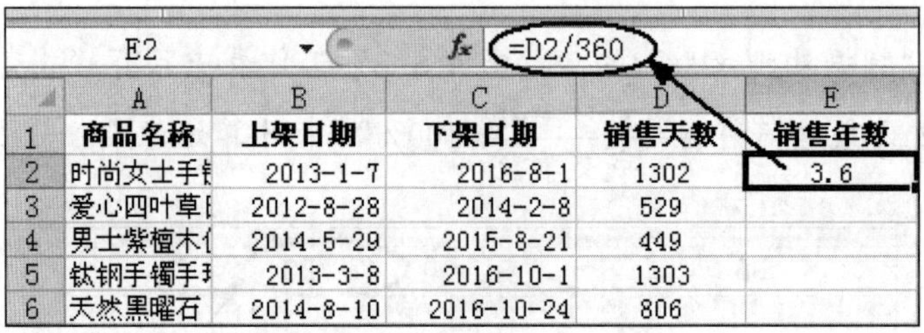

图 3-27　计算销售年数

这样计算出来的年数通常是一个小数，如果希望得到整数，可以用 int 函数取整，即用公式"=int(D2/360)"，结果是 3，如图 3-28 所示。因为 int 函数的功能是返回不大于括号内参数的整数。

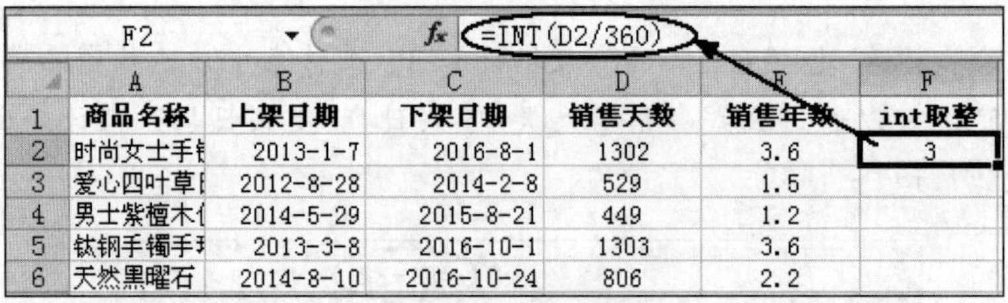

图 3-28　用 int 函数取整

如果要进行四舍五入式取整，则要用函数 round。当 round(number，digits)函数的第二个参数为 0 时，就可以对第一个参数进行四舍五入式取整，所以在编辑栏将公式修改为"=round(D2/360,0)"即可，如图 3-29 所示。

G2			f_x	=ROUND(D2/360,0)		
	A	B	C	D	E	F	G
1	商品名称	上架日期	下架日期	销售天数	销售年数	int取整	round取整
2	时尚女士手	2013-1-7	2016-8-1	1302	3.6	3	4
3	爱心四叶草	2012-8-28	2014-2-8	529	1.5		
4	男士紫檀木	2014-5-29	2015-8-21	449	1.2		
5	钛钢手镯手	2013-3-8	2016-10-1	1303	3.6		
6	天然黑曜石	2014-8-10	2016-10-24	806	2.2		

图 3-29　用 round 函数取整

函数 int(number)的功能是向下取整（数轴上离左边最近的整数），如图 3-30 所示。

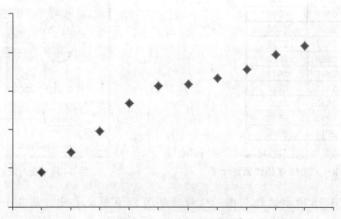

图 3-30　int 函数解释

所以，int(6.4)=int(6.7)=6，int(-6.4)=int(-6.7)=-7。

函数 round(number,digits)的功能是进行四舍五入运算，功能解释如表 3-1 所示。

表 3-1　round 函数解释

number	1263.472				
digits	-2	-1	0	1	2
四舍五入的位数	十位	个位	取整	保留 1 位小数	保留 2 位小数
结果	1300	1260	1263	1263.5	1263.47

请计算：round(163,-3)=？ round(563,-3)=？

3.3　数据的修整

在一段较长的时间内，由于普通的、持续的、决定性等基本因素的作用，总体往往呈现逐渐向上或向下变动的趋势，如图 3-31 所示。

图 3-31　明显的向上趋势

在这样的趋势中，也不排除受一些偶然因素或不规则因素的影响，出现与整体趋势相差很大的极端数据，如图 3-32 中箭头所对应的数据所示。如果对这些极端数据直接进行数据分析，分析的结果可能有失偏颇，所以有必要用一定的数学方法对这些数据进行加工，使数据长期变化的趋势更加明显，为预测总体的未来提供更准确的依据。

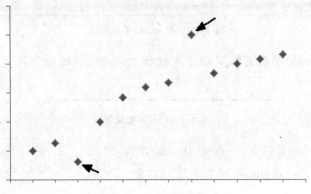

图 3-32　局部的数据异动

下面介绍使用移动平均法对数据进行修整。

移动平均法就是从时间数列的第一位数值开始，按一定项数求平均数，逐项移动，形成一个新的动态数列。常用的移动平均法有三项移动平均法和四项移动平均法。

3.3.1　三项移动平均法

例：计算图 3-33 所示的表格中，商品销售额的三项移动平均数。

分析：选择单元格区域 A1:B13，单击"插入"|"散点图"|"仅带数据标记的散点图"按钮，如图 3-34 所示。

	A	B
1	年 份	商品销售额
2	2004	4205
3	2005	4632
4	2006	4000
5	2007	4800
6	2008	5220
7	2009	6500
8	2010	5671
9	2011	5490
10	2012	5832
11	2013	6503
12	2014	6680
13	2015	7270

图 3-33　2004—2015 年销售额统计

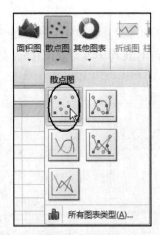

图 3-34　插入散点图

结果得到图 3-35 所示的散点图，从散点图可以直观地看出，第 3 个点明显偏小，而第 6 个点明显偏大，这可能是由不确定因素的影响造成的。在这种情况下，可以通过移动平均法对数据做修整，尽量排除不确定因素对数据造成的影响。

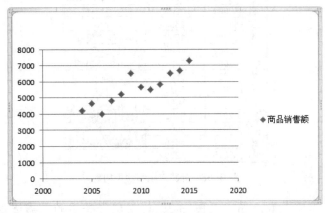

图 3-35 原始数据的散点图

解：

三项移动平均数的计算思路如下：

第 1 个三项移动平均数 $= \dfrac{4205+4632+4000}{3} = 4279$（万元）作为 2005 年的数据；

第 2 个三项移动平均数 $= \dfrac{4632+4000+4800}{3} = 4477.33$（万元）作为 2006 年的数据；

依次类推……

下面用函数 average 计算三项移动平均数。

（1）打开文件"数据处理.xlsx"中的"三项移动平均"工作表，单击 C3 单元格，再单击"开始"|"Σ 自动求和"右边的下三角箭头，选择"平均值"命令，如图 3-36 所示。

（2）默认情况下是对 C3 左边的 A3:B3 求平均，显示的公式为"=average(A3:B3)"，在保持 A3:B3 选中的状态下，选择新的区域 B2:B4，公式变为"=average(B2:B4)"，如图 3-37 所示。

	A	B	C
1	年 份	商品销售额	三项移动平均数
2	2004	4205	
3	2005	4632	=AVERAGE(B2:B4)
4	2006	4000	AVERAGE(numb
5	2007	4800	
6	2008	5220	
7	2009	6500	
8	2010	5671	
9	2011	5490	
10	2012	5832	
11	2013	6503	
12	2014	6680	
13	2015	7270	

图 3-36 选择"平均值"命令　　　　　图 3-37 计算三项平均数

（3）确认 C3 的计算后，将 C3 的填充柄填充到 C12，结果如图 3-38 所示。

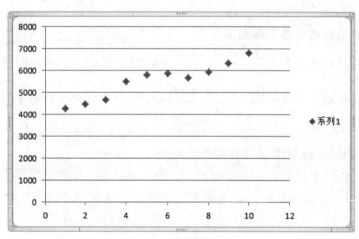

	A	B	C
1	年 份	商品销售额	三项移动平均数
2	2004	4205	
3	2005	4632	4279
4	2006	4000	4477.333333
5	2007	4800	4673.333333
6	2008	5220	5506.666667
7	2009	6500	5797
8	2010	5671	5887
9	2011	5490	5664.333333
10	2012	5832	5941.666667
11	2013	6503	6338.333333
12	2014	6680	6817.666667
13	2015	7270	

图 3-38 计算三项移动平均数

将修整后的数据绘成散点图（见图 3-39），发现修整后的数据逐步增长的趋势更为明显。

图 3-39 修整后的数据散点图

3.3.2 四项移动平均法

例：计算图 3-40 所示的表格中商品销售额的四项移动平均数。

年 份	商品销售额	四项移动平均数	四项移动平均正位
2004	4205		
2005	4632		
		4409.25	
2006	4000		4536.125
		4663	
2007	4800		4896.5
		5130	
2008	5220		5338.875
		5547.75	
2009	6500		5634
		5720.25	
2010	5671		5796.75
		5873.25	
2011	5490		5873.625
		5874	
2012	5832		6000.125
		6126.25	
2013	6503		6348.75
		6571.25	
2014	6680		
2015	7270		

图 3-40 四项移动平均数的计算

解：

四项移动平均数的计算过程如下。

（1）求四项移动平均数：

第 1 个四项移动平均数 $=\dfrac{4205+4632+4000+4800}{4}=4409.25$（万元），暂时放于 2005 年和 2006 年之间；

第 2 个四项移动平均数 $=\dfrac{4632+4000+4800+5220}{4}=4663$（万元），暂时放于 2006 年和 2007 年之间；

依次类推……

（2）对所得结果再求两项移动平均数，得到四项移动平均正位数：

第 1 个四项移动平均数的正位数 $=\dfrac{4409.25+4663}{2}=4536.125$（万元），作为 2006 年的商品销售额；

第 2 个四项移动平均数的正位数 $=\dfrac{4838+5080}{2}=4896.5$（万元），作为 2007 年的商品销售额；

依次类推……

下面在 Excel 中用函数 average 计算四项移动平均数。

（1）打开文件"数据处理.xlsx"中的"四项移动平均"工作表，在 C3 中使用公式"=average(B2:B5)"计算第一个四项移动平均数，如图 3-41 所示。

	A	B	C	D
1	年 份	商品销售额	四项移动平均数	四项移动平均正位
2	2004	4205		
3	2005	4632	=AVERAGE(B2:B5)	
4	2006	4000		
5	2007	4800		
6	2008	5220		
7	2009	6500		
8	2010	5671		
9	2011	5490		
10	2012	5832		
11	2013	6503		
12	2014	6680		
13	2015	7270		

图 3-41　计算四项移动平均数

（2）确认 C3 的计算后，将 C3 的填充柄填充到 C11。

（3）在 D4 中使用公式"=average(C3:C4)"，如图 3-42 所示。

（4）确认 D4 的计算后，将 D4 的填充柄填充到 D11。

注意：

若采用奇数项移动平均，平均值对准居中原时间数列的项数，一次可得趋势值。

若采用偶数项移动平均，平均值未对准居中原时间数列的项数，需再通过一次移动平均进行正位。

▲	A	B	C	D
1	年 份	商品销售额	四项移动平均数	四项移动平均正位
2	2004	4205		
3	2005	4632	4409.25	=AVERAGE(C3:C4)
4	2006	4000	4663	
5	2007	4800	5130	
6	2008	5220	5547.75	
7	2009	6500	5720.25	
8	2010	5671	5873.25	
9	2011	5490	5874	
10	2012	5832	6126.25	
11	2013	6503	6571.25	
12	2014	6680		
13	2015	7270		

图 3-42　计算四项移动平均正位数

3.3.3　分析工具库的加载和应用

在 Excel 中，还可以用分析工具库完成移动平均数的计算。默认情况下，Excel 并没有安装分析工具库。下面介绍分析工具库的安装过程。

（1）在 Excel 2010 窗口中，选择"文件"|"选项"命令。

（2）在随后打开的"Excel 选项"对话框中，单击左边的"加载项"选项后，再单击下方的"转到"按钮，如图 3-43 所示。

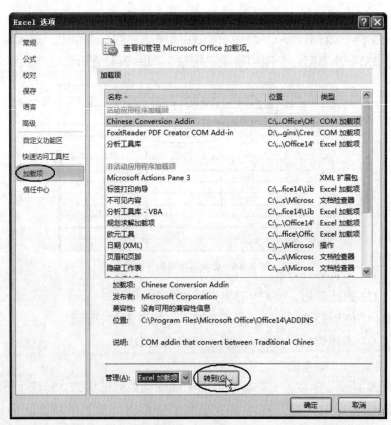

图 3-43　加载项

（3）在随后打开的"加载宏"对话框中，选中"分析工具库"复选项，单击"确定"按钮，如图 3-44 所示。

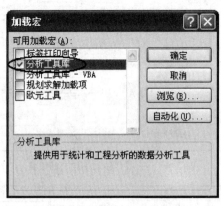

图 3-44　加载"分析工具库"

（4）加载成功后，会在"数据"选项卡中看到一个新的功能"数据分析"，如图 3-45 所示。

图 3-45　加载成功后的"数据"选项卡

下面介绍利用"数据分析"功能计算三项移动平均数的方法。

（1）打开文件"数据处理.xlsx"中的"三项移动平均"工作表，单击"数据"|"数据分析"按钮。

（2）在随后打开的"数据分析"对话框中选择"移动平均"选项，如图 3-46 所示。

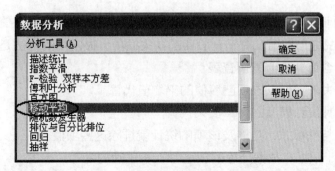

图 3-46　选择"移动平均"选项

（3）在"移动平均"对话框中设置各参数如图 3-47 所示，最终结果如图 3-48 所示。

移动平均

要处理的数据

输入
输入区域(I): $B$2:$B$13

如果处理的数据第一行是标志,请选中此项

标志位于第一行(L)

间隔(N): 3　表示3项移动平均

输出选项
输出区域(O): $D$1

新工作表组(P)
新工作簿(W)

显示结果的起点单元格

图表输出(C)　标准误差

确定
取消
帮助(H)

图 3-47 三项"移动平均"的设置

	A	B	C	D
1	年 份	商品销售额	三项移动平均数	#N/A
2	2004	4205		#N/A
3	2005	4632	4279	4279
4	2006	4000	4477.333333	4477.333333
5	2007	4800	4673.333333	4673.333333
6	2008	5220	5506.666667	5506.666667
7	2009	6500	5797	5797
8	2010	5671	5887	5887
9	2011	5490	5664.333333	5664.333333
10	2012	5832	5941.666667	5941.666667
11	2013	6503	6338.333333	6338.333333
12	2014	6680	6817.666667	6817.666667
13	2015	7270		

图 3-48 最终结果

3.4 练习

1. 选择题

(1)回收的问卷调查表中,有一些没有填写的项。处理这种缺失值的办法有多种,需要根据实际情况选择使用。对于一般性的缺失值项,最常用的方法是(　　　)。

A. 删除含有缺失值的调查表

B. 将缺失的数值以该项已填值的平均值代替

C. 用某种统计模型的计算值来代替

D. 填入特殊标志,凡涉及该项的统计就排除这些项值

(2)以下关于数据和数据处理的叙述中,不正确的是(　　　)。

A. 要大力提倡在论述观点时用数据说话

B. 数据处理技术的重点是计算机操作技能

C. 对数据的理解是数据分析的重要前提

D. 数据资源可以为创新驱动发展提供动力

（3）在数据处理中，"删除重复数据"的功能很重要，但其作用不包括（　　）。

A. 有效控制数据体量的急剧增长　　　B. 节省存储设备和数据管理的成本

C. 释放存储空间，提高存储利用率　　D. 提高数据的安全性，防止被破坏

（4）在实施数据分析项目时，首先应该（　　）。

A. 收集和整理数据　　　　　　　　　B. 明确数据分析的目的和内容

C. 购买数据处理设备　　　　　　　　D. 起草数据分析报告框架

（5）数据加工之前一般需要做数据清洗，数据清洗工作不包括（　　）。

A. 删除不必要的、多余的、重复的数据

B. 处理确实的数据字段，做出特殊标记

C. 检测有逻辑错误的数据，纠正或删除

D. 修改异常数据值，使其落入常识范围

（6）企业数据处理的目的不包括（　　）。

A. 删除低价值数据，保存重要数据

B. 从海量的历史数据中提取和挖掘有价值的信息

C. 为企业决策提供依据

D. 探讨本企业产品和服务的发展方向

（7）现在的大数据处理系统具有智能删除重复数据的功能，其作用不包括（　　）。

A. 减少备份量　　　　　　　　　　　B. 降低存储成本

C. 保护数据安全　　　　　　　　　　D. 加快备份和恢复速度

（8）在数据处理过程中，删除多余的重复数据、补充缺失的数据、纠正或删除错误的数据，这些工作属于（　　）。

A. 数据清洗　　　B. 数据加工　　　C. 数据转换　　　D. 数据分析

（9）数据清洗工作不包括（　　）。

A. 删除多余的重复数据　　　　　　　B. 采用适当方法补充缺失的数据

C. 纠正或删除错误的数据　　　　　　D. 更改过大的和过小的异常数据

（10）数据加工的过程可能要用到各种函数，函数 len(text)的功能是求字符串的长度，包括空格。若在单元格 A1 中输入公式"=len("数据分析基础")"，则 A1 单元格的值是（　　）。

A. 6　　　　　　　B. 8　　　　　　　C. 12　　　　　　D. 数据分析基础

（11）函数 power(number,power)的功能是某数的指数幂，第 1 个参数为底，第 2 个参数为指数。若在单元格 A1 中输入公式"=power(4,3)"，则单元格 A1 的值是（　　）。

A. 12　　　　　　B. 16　　　　　　C. 64　　　　　　D. 81

（12）若在单元格 A1 中输入公式"=left("数据分析基础",4)"，则单元格 A1 的值是（　　）。

A. 4 　　　　　　B. 6 　　　　　　C. 数据 　　　　　　D. 数据分析

（13）函数 sign(number) 的功能是返回参数的符号，正数返回 1，负数返回-1，为零时返回 0。若在单元格 A1 中输入-100，在单元格 A2 中输入 10，在单元格 B1 中输入公式"=sign(A1)+sign(A2)"，则单元格 B1 的值是（　　　　）。

A. -1 　　　　　　B. 1 　　　　　　C. 0 　　　　　　D. -90

（14）若在单元格 A1 中输入数据 31.6，在单元格 B1 中输入公式"=int(A1)"，则单元格 B1 的值是（　　　　）。

A. 30 　　　　　　B. 31 　　　　　　C. 32 　　　　　　D. 31.6

（15）若在单元格 A1 中输入数据 31.6，在单元格 B1 中输入公式"=round(A1,0)"，则单元格 B1 的值是（　　　　）。

A. 30 　　　　　　B. 31 　　　　　　C. 32 　　　　　　D. 31.6

（16）若在单元格 A1 中输入某人的身份证号码 360102199503161924（文本型数据），其中中间的数字 19950316 表示该人的出生日期是 1995-03-16，如果希望在 B1 中用公式提取这个人的出生年份，应该在单元格 B1 中输入公式（　　　　）。

A. =mid(A1,6,4) 　　B. =mid(A1,7,4) 　　C. =year(A1) 　　D. =year(A1,7,4)

2．操作题

（1）打开文件"数据处理.xlsx"，将"数据清洗"工作表中其他不一致的字段做数据一致性处理。

（2）打开文件"数据处理.xlsx"，将"全校名单"工作表中的"高考分数"匹配到"四级名单"工作表中。

（3）打开文件"数据处理.xlsx"，提取"影片上映"工作表中各影片的上映月份（见图 3-49）。

	A	B	C	D	E	F
1	电影名称	导演	主演	类型	上映日期	上映月份
2	一切都好	张猛	张国立、姚晨	喜剧	2016-1-1	
3	过年好	高群书	赵本山、闫妮	喜剧	2016-2-1	
4	花火2016	宣扬	郑晓敏、段冉	爱情/网络	2016-2-3	
5	美人鱼	周星驰	邓超、林允	喜剧/爱情/奇幻	2016-2-8	
6	叶问3	叶伟信	甄子丹、熊黛林	动作/传记	2016-3-4	
7	爱情麻辣烫之情定终结	肖飞	何润东、张歆艺	爱情	2016-3-8	
8	男神	唐博	唐博、刘少杰	喜剧/爱情/奇幻	2016-4-8	
9	七月与安生	曾国祥	周冬雨、马思纯	爱情/喜剧	2016-9-14	
10	我的战争	彭顺	刘烨	动作/战争	2016-9-15	
11	从你的全世界路过	张一白	杨洋、邓超	爱情/喜剧	2016-9-29	
12	爵迹	郭敬明	范冰冰、吴亦凡	科幻	2016-9-30	

图 3-49　2016 年上映影片

（4）打开文件"数据处理.xlsx"，计算"转化率"工作表中各种商品各环节的转化率（见图 3-50）。其中"加购物车"环节的转化率=加购物车人数/浏览人数，"交易"环节的转化率=交易人数/加购物车人数。

	A	B	C	D	E	F
1	商品名称	浏览人数	加购物车		交易	
2			人数	转化率	人数	转化率
3	时尚女士手链	1200	490		380	
4	爱心四叶草日韩手镯	3280	2845		2683	
5	男士紫檀木佛珠216颗开光	480	230		120	
6	钛钢手镯手环	2690	1380		1200	
7	天然黑曜石	3289	1387		1360	

图 3-50 转化率计算

（5）打开文件"数据处理.xlsx"，计算"上市公司"工作表（见图 3-51）中各企业上市的天数和上市的年数（提示：注意日期格式是否正确）。

	A	B	C	D
1	公司名称	上市日期	上市天数	上市年数
2	江西煌上煌集团食品股份有限公司	2012.9.5		
3	江西万年青水泥股份有限公司	1997.9.23		
4	江西昌九生物化工股份有限公司	1999.1.19		
5	江西洪都航空工业股份有限公司	2000.11.16		
6	江西恒大高新技术股份有限公司	2011.6.21		
7	诚志股份有限公司	2000.7.6		
8	江西万年青水泥股份有限公司	1997.9.2		

图 3-51 江西省上市公司汇总表

（6）打开文件"数据处理.xlsx"，将"数据分列"工作表中 A 列数据的"姓名""家庭地址""邮编"分列显示在 C、D、E 列，结果如图 3-52 所示。

	A	B	C	D	E
1	姓名,家庭地址,邮编		姓名	家庭地址	邮编
2	蔡新兵,内蒙古赤峰市松山区穆		蔡新兵	内蒙古赤峰市松山区穆家菁	324000
3	陈登宝,江西省南昌市湖田乡王		陈登宝	江西省南昌市湖田乡王华村	336000
4	陈非洲,江西省宜春市新建县七		陈非洲	江西省宜春市新建县七二0	332000
5	陈甲,江西省上饶市万年县上坊		陈甲	江西省上饶市万年县上坊乡	335511
6	程意,黑龙江省佳木斯市桦南县		程意	黑龙江省佳木斯市桦南县厂	154402
7	寸素香,内蒙古四子王旗供济堂		寸素香	内蒙古四子王旗供济堂镇桁	211815
8	董霞,江西省宜春市上高县锦江		董霞	江西省宜春市上高县锦江フ	336400

图 3-52 数据分列

（7）打开文件"数据处理.xlsx"的"匹配省份"工作表，提取身份证号码的前两位放在 C 列，并根据"省份编码"工作表中的资料，匹配出每个身份证的省份放在 D 列，结果如图 3-53 所示。

	A	B	C	D
1	身份证号码		编码	省份
2	360102198408222106		36	江西
3	360104198308223147		36	江西
4	237105198101305107		23	黑龙江
5	350152198602018216		35	福建
6	370103198302041050		37	山东
7	310108197202071030		31	上海

图 3-53 匹配省份

41

（8）打开文件"数据处理.xlsx"，分别用三项移动平均法和四项移动平均法对"移动平均练习"工作表（见图3-54）中的数据进行修整（提示：如有需要，可先将数据进行转置处理）。

	A	B	C	D	E	F	G	H	I	J	K	L	M	N	O	P	Q	R	S	T	U
1	年份		2002				2003				2004				2005				2006		
2	季节	1	2	3	4	1	2	3	4	1	2	3	4	1	2	3	4	1	2	3	4
3	销售量	19	40	52	27	20	43	58	28	21	42	60	29	22	45	62	28	23	48	65	30

图 3-54　移动平均练习表

04 第4章
数据的分析

在"计算机基础"课程中,我们已经学习过在 Excel 中对数据进行排序、筛选、分类汇总、数据透视表等操作的基本方法。在这一章,我们要继续深入学习数据透视表的使用,系统学习描述性统计指标的计算、动态数列的分析与预测、相关分析与回归分析法、综合评价分析法、四象限分析法。

4.1　数据分组

4.1.1　统计分组的概念

统计分组是根据统计研究的需要,按照一定的标志,将总体区分为若干个性质不同而又有联系的组成部分,并计算各组的频数或比重的一种统计方法。这些组成部分称为这一总体的"组"。按照每组标志表现的多少,统计分组可以分成单项式分组和组距式分组。

1.单项式分组

一个变量值作为一组,称为单项式分组,一般适用于离散型变量且变量变动不大的场合。

例如,如果考试成绩以五分制计算,则全体学生的成绩可以分为六组,即 5 分、4分、3 分、2 分、1 分、0 分,如表 4-1 所示。

表 4-1　单项式分组

组别	人数
5 分	230
4 分	760
3 分	1389
2 分	340

组别	人数
1 分	79
0 分	2
合计	2800

2．组距式分组

以一个区间作为一组，称为**组距式**分组，一般适用于连续型变量或离散数据较多的场合。组距式分组又可以分成**等距分组**和**不等距分组**。

例如，如果学生的成绩以百分制计算，则全体学生的成绩可以采用等距分组分成 10 组，如表 4-2 所示；也可以采用不等距分组分成 5 组，如表 4-3 所示。

表 4-2　等距分组

组别	人数
0～10	0
10～20	5
20～30	18
30～40	57
40～50	90
50～60	250
60～70	1210
70～80	1020
80～90	118
90～100	32

表 4-3　不等距分组

组别	人数
40 分以下	80
40～60 分	340
60～70 分	1210
70～80 分	1020
80 分以上	150

对于某一个组（a,b），我们称 a 为该组的下限，b 为该组的上限；上限与下限之差（$b-a$）叫组距，$\dfrac{a+b}{2}$ 叫组中值。组中值未必是该组数据的平均值，但由于其计算简单，常作为该组的代表值。

诸如"……以下""……以上"的组，叫"开口组"，"下开口组"的组中值=上限 $-$ $\dfrac{\text{邻组组距}}{2}$，"上开口组"的组中值=下限$+\dfrac{\text{邻组组距}}{2}$。

采用组距式分组一般经过以下几个步骤。

（1）确定组数。由于分组的目的之一是为了观察数据分布的特征，因此组数的多少应适中。组数太少，数据的分布就会过于集中；组数太多，数据的分布就会过于分散，这都不便于观察数据分布的特征和规律。

那么一组数据分多少组合适呢？一般是 5～10 组。具体操作时，还要根据数据本身的特点及数据的多少来决定。

（2）确定各组的组距。组距可根据全部数据的最大值和最小值及所分的组数来确定，即组距$\approx\dfrac{（\text{最大值}-\text{最小值}）}{\text{组数}}$。

例如，某组数据最大值为 139，最小值为 107，一共分成 7 组，则组距$\approx\dfrac{(139-107)}{7}=4.6$。为便于计算，组距宜取 5 或 10 的倍数，而且第一组的下限应低于最小变量值，最后一组的上限应高于最大变量值，因此组距可取 5，分成 7 组：105～110、110～115、115～120、…、135～140。

（3）统计各组的频数。

3．次数分布

在统计分组的基础上，将总体中所有单位按组归类整理，形成总体中各单位数在各组间的分配，叫次数分布。分配在各组的单位数叫频数。

各组频数与总频数的比值叫频率或比率。各频率之和为 1 或 100%。

各种不同性质的总体都有着特殊的次数分布，概括起来，主要有钟形分布、U 形分布和 J 形分布。

（1）钟形分布

当次数分布出现两端次数较少、中间次数较多的状态时，所绘制的曲线就像一口钟，所以叫钟形分布。

钟形分布有对称分布和非对称分布两种。对称分布的特征是中间变量值分布的次数最多，两侧变量值随着与中间变量值距离的增大而逐渐减少，并且围绕中心变量值两端呈对称分布，即为正态分布，如图 4-1 所示。

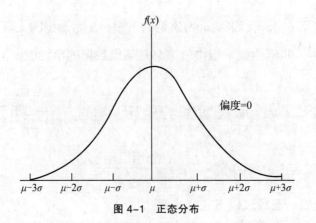

图 4-1　正态分布

正态分布是统计学中最常用也是最重要的一种分布，它有着极其广泛的应用价值。

例如，同一种生物体的身长、身高、体重等生理指标；某班级学生的考试成绩；同一种种子的重量；测量同一物体的误差；弹着点沿某一方向的偏差；某个地区的年降水量；农作物的亩产量，都是服从或近似服从正态分布。

在非对称的钟形分布中，又分左偏分布和右偏分布两种。左偏分布的平均数在峰值的左边，右偏分布的平均数在峰值的右边，如图 4-2 和图 4-3 所示。

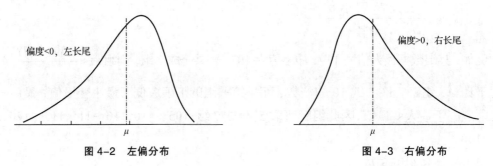

图 4-2　左偏分布　　　　　　　　　　　**图 4-3　右偏分布**

（2）U 形分布

当次数分布出现两端次数较多，靠近中间次数较少的状态时，所绘制出来的曲线如同英文字母"U"字一样，所以叫 U 形分布，如图 4-4 所示。

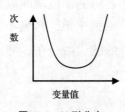

图 4-4　U 形分布

有些总体的分布表现为 U 形分布，例如，不同年龄人口死亡率。

（3）J 形分布

J 形分布有两种，一种是正 J 形分布，另一种是反 J 形分布。

当次数随着变量的增大而增多时，绘制的曲线图就像英文字母"J"，所以叫正 J 形分布，如图 4-5 所示。当次数随着变量的增大而减少时，绘制的曲线图就如反写的英文字母"J"，所以叫反 J 形分布，如图 4-6 所示。

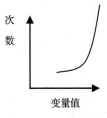

图 4-5　正 J 形分布

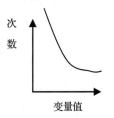

图 4-6　反 J 形分布

例如，老年人口死亡率按年龄分布、按患肺癌率分布、按日吸烟支数分布等，都服从正 J 形分布；而儿童死亡率按年龄分布、按肥胖率分布、按日活动量分布等，都服从反 J 形分布。

4.1.2　利用"数据透视表"分组

数据透视表可以将 Excel 数据库中的数据进行分组，建立各种形式的交叉数据列表。数据透视表将筛选和分类汇总等功能结合在一起，可根据不同需要以不同方式查看数据。

插入透视表的主要步骤如下。

（1）单击数据区域的任意一个单元格，再选择"插入"|"数据透视表"命令。

（2）如果第一步按前面的要求做了，那这一步打开的"创建数据透视表"对话框中就会自动选择所有的数据区域，透视表的位置默认为"新工作表"，如图 4-7 所示。如果不想更改透视表的位置，只需单击"确定"按钮即可。

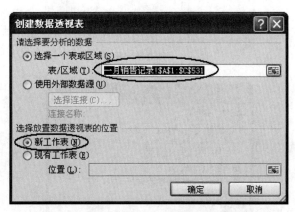

图 4-7　确定要分析的数据及透视表放置位置

（3）将分组标志（Excel 中叫"字段"）拖到"行标签""列标签"或"报表筛选"处（首选"行标签"，其次是"列标签"，尽量不要拖到"报表筛选"），将要统计的标志（字段）全部拖到"数值"处，如图 4-8 所示。

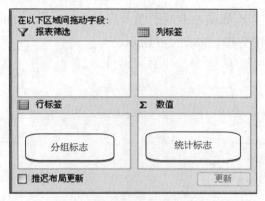

图 4-8　确定分组标志及统计标志

如果统计是**品质标志**，统计方式默认为"计数"；如果统计的是**数量标志**，统计方式默认为"求和"。

如果要修改统计方式，可以单击右边的下三角形，在弹出的列表框中选择"值字段设置"命令，如图 4-9 所示，然后在"值字段设置"对话框中修改统计方式，如图 4-10 所示。

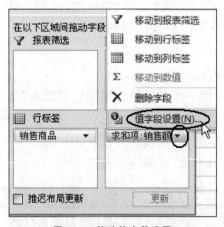

图 4-9　修改值字段设置

图 4-10　修改统计方式

例 1：打开工作簿"数据分组.xlsx"，利用数据透视表功能统计"一月销售记录"工作表中每种商品的总销售额。

（1）单击"一月销售记录"工作表数据区域的任意一个单元格，再选择"插入"|"数据透视表"命令，打开"创建数据透视表"对话框，里面自动选择了要分析的数据为"一月销售记录!$A$1:$C$531"，透视表的位置为"新工作表"，如图 4-11 所示。

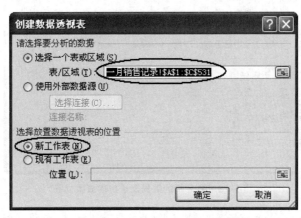

图 4-11 确定要分析的数据及透视表放置位置

（2）将"销售商品"拖至"行标签"处，将"销售额"拖至"数值"处，即得到每种商品的总销售额，如图 4-12 所示。

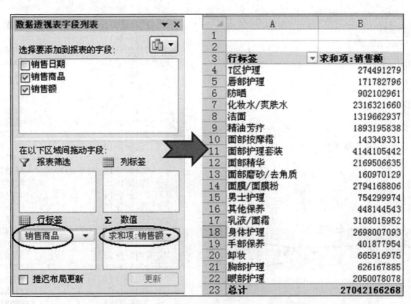

图 4-12 统计每种商品的总销售额

例 2：将工作簿"数据分组.xlsx"中的"2015 年销售记录"工作表的数据根据"日期"字段按季度分组，并统计每个季度的"成交商品数"。

（1）单击"2015 年销售记录"工作表数据区域的任意一个单元格，再选择"插入"

| "数据透视表"命令，打开"创建数据透视表"对话框。

（2）要分析的数据区域为"'2015年销售记录'!$A$1:$F$363"，透视表的位置为"新工作表"，如图4-13所示。

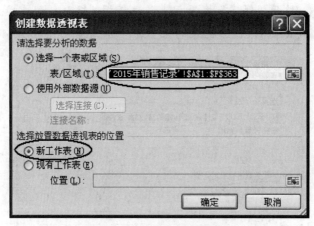

图4-13 要分析的数据及透视表放置位置

（3）将"日期"拖到"行标签"处，将"成交商品数"拖到"数值"处，如图4-14所示。

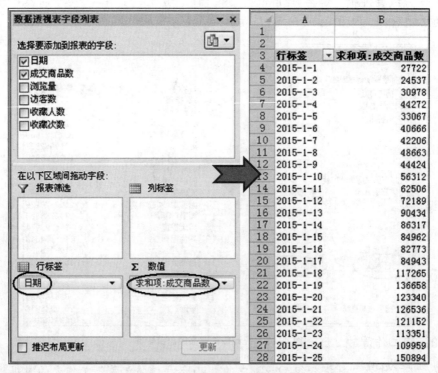

图4-14 按日期分组统计成交商品数

（4）在透视表的"行标签"下任意单元格上单击鼠标右键，在弹出的快捷菜单中选择"创建组"命令，如图4-15所示。

图 4-15　创建组

（5）在随后打开的"分组"对话框中选择"步长"为"季度"，如图 4-16 所示。

图 4-16　按季度分组

（6）单击"确定"按钮，统计结果如图 4-17 所示。

图 4-17　各季度的成交商品数

例 3：将工作簿"数据分组.xlsx"中的"商品详情"工作表数据按"单价"进行等距分组（组距为 50），统计各组的"点击次数"。

（1）单击"商品详情"工作表数据区域的任意一个单元格，再选择"插入"|"数据透视表"命令，将"单价"拖至"行标签"处，将"点击次数"拖至"数值"处，如图 4-18 所示。

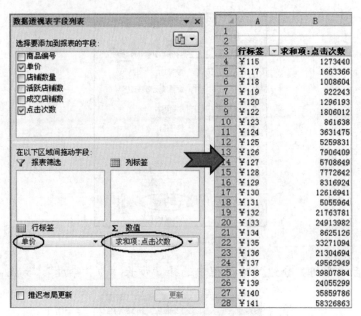

图 4-18　按单价分组统计点击次数

（2）在透视表的"行标签"下任意单元格上单击鼠标右键，在弹出的快捷菜单中选择"创建组"命令，如图 4-19 所示。

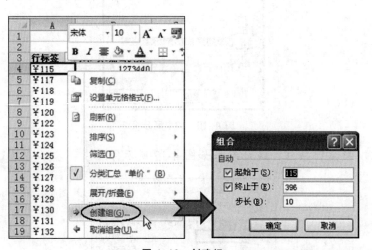

图 4-19　创建组

（3）修改起始值为 100，终止值为 400，步长为 50，如图 4-20 所示。

图 4-20　修改起始值、终止值、步长

注意：当各组的上下限互不相等时，各组是既含下限又含上限的；但当前一组的上限与后一组的下限相同时，数据透视表统计结果遵循"含下限、不含上限"的原则。

4.1.3 利用"数据分析"之"直方图"功能统计各组的频数

利用透视表可以完成对数据的**单项分组**和**等距分组**。如果要对数据进行不等距分组，透视表就无能为力了，此时可以利用"数据分析"之"直方图"功能进行分组。

例：将工作簿"数据分组.xlsx"中的"数学成绩"工作表的数据按"40 分以下""40～60 分""60～70 分""70～80 分""80 分以上"分成 5 组，并统计各组的人数。

（1）在 F 列输入各组的上限值：40、60、70、80、100，如图 4-21 所示。

（2）选择"数据"|"数据分析"命令。

（3）在"数据分析"对话框中选择"直方图"，如图 4-22 所示。

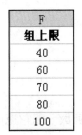

图 4-21 组上限

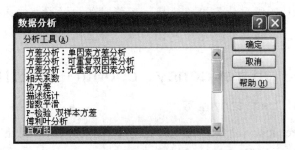

图 4-22 选择直方图

（4）"直方图"对话框中的"输入区域"是指要分析的数据区域，操作时先单击该输入框，再在"数学成绩"工作表中选择整个 D 列（在字母 D 上单击即可选择整个 D 列），这时输入区域会自动显示绝对引用的方式\$D:\$D；"接收区域"是指组上限区域，操作时先单击该输入框，再在"数学成绩"工作表中选择单元格区域 F1:F6，这时接收区域也会自动显示绝对引用的方式\$F\$1:\$F\$6。因为单元格 D1 和 F1 里的数据是标志，所以下面选中"标志"复选项，如图 4-23 所示。

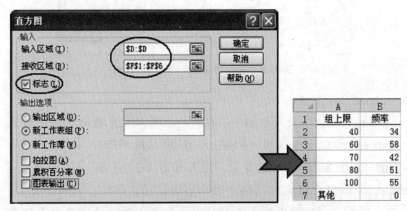

图 4-23 设置输入区域和接收区域

（5）如果选中了"图表输出"复选框，还将自动输出直方图，如图4-24所示。

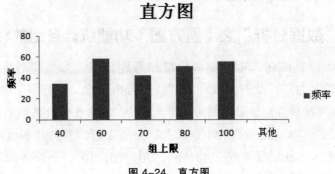

图 4-24　直方图

用数据分析之直方图功能进行分组有以下两个特点。

① 只能统计各组的频数，不能对组内的数据求和或求平均值。

② 各组的频数是"不含下限、含上限"的。

4.1.4　用 frequency、countif 函数统计频数

1. frequency 函数

frequency 函数的功能就是统计各组的频数，因此它是一个数组函数，即它返回的结果不是一个数，而是一组数。

例1：用 frequency 函数对"数学成绩（1）"工作表的数据按"40分以下""40～60分""60～70分""70～80分""80分以上"进行分组统计。

（1）打开"数学成绩（1）"工作表，在F2:F6中输入各组的上限：40、60、70、80、100。选择区域G2:G6，用于放统计结果，如图4-25所示。

	A	B	C	D	E	F	G
1	姓名	性别	学校	成绩		组上限	
2	鲍家豪	女	一中	49.5		40	
3	蔡三联	男	三中	42		60	
4	陈成晟	男	三中	57		70	
5	陈誉宝	男	三中	79.5		80	
6	陈述	男	一中	50		100	
7	陈思豪	女	一中	63			

图 4-25　选择放置结果的单元格区域

（2）插入 frequency 函数。

（3）在 frequency 函数参数对话框中，在第一个输入框中选择 D 列（结果显示 D:D）；在第2个输入框中选择组上限区域（F1:F6），如图4-26所示。

（4）按 Ctrl+Shift+Enter 组合键确认，结果如图4-27所示。

使用 frequency 函数分组有以下两个注意事项。

① frequency 是一个数组函数，所以插入函数之前要选择准备放置结果的单元格区域，最后要按 Ctrl+Shift+Enter 组合键确认。

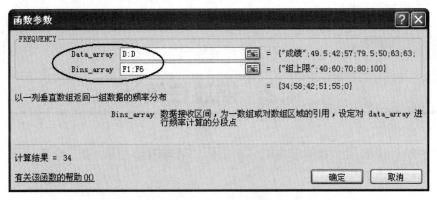

图 4-26 frequency 函数参数

F	G
组上限	
40	34
60	58
70	42
80	51
100	55

图 4-27 统计结果

② 和直方图一样，frequency 函数也只能统计各组的频数，而且统计出的频数也是"不含下限、含上限"的。

2．countif 函数

countif 函数的功能是统计满足一定条件的单元格个数，使用格式为：countif(单元格区域,条件)。

例如 countif(D:D,"<40")表示统计 D 列中小于 40 的数据个数。要注意，此时的条件要加英文双引号。

另外，统计区间 40～60（不含上限）的数据个数不能用公式 countif(D:D,">=40and<60")计算 ，而要用 countif(D:D,"<60")-countif(D:D,"<40")计算。

例 2：用 countif 函数对"数学成绩（2）"工作表的数据按"40 分以下""40～60 分""60～70 分""70～80 分""80 分以上"进行分组统计。

使用的公式和结果如图 4-28 所示。

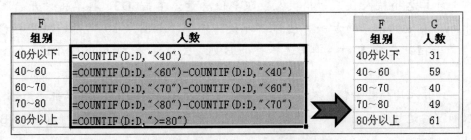

F	G		F	G
组别	人数		组别	人数
40分以下	=COUNTIF(D:D,"<40")		40分以下	31
40～60	=COUNTIF(D:D,"<60")-COUNTIF(D:D,"<40")		40～60	59
60～70	=COUNTIF(D:D,"<70")-COUNTIF(D:D,"<60")		60～70	40
70～80	=COUNTIF(D:D,"<80")-COUNTIF(D:D,"<70")		70～80	49
80分以上	=COUNTIF(D:D,">=80")		80分以上	61

图 4-28 用 countif 统计区间的频数

所以，如果分组统计中必须遵循统计中"不含上限"的原则，最好还是用 countif 函数统计各组的频数。

4.2　描述性统计

描述性统计主要用于计算总体的总量指标、平均指标、中位数、众数、极差、方差、标准差、标准差系数等。

4.2.1　总量指标和平均指标

根据总体反应的具体内容，总量指标划分为**标志总量和单位总量**。

（1）标志总量：总体某一标志的总和 $\sum x_i$。

（2）单位总量：总体所包含个体数的多少。

$$平均指标 = \frac{标志总量}{单位总量}。$$

如果收集的数据是一条一条的原始记录，而且是精确的数据，则用 sum 函数计算标志总量，用 count 函数计算单位总量，用 average 函数计算平均指标。

例1：打开文件"描述性统计.xlsx"中的"捐款资料"工作表，计算总捐款金额、总捐款人数、人均捐款金额。

（1）计算总捐款金额。总捐款金额即标志总量，所以，单击 D1，再单击"开始"|"Σ自动求和"按钮，将鼠标移到列标 B 上，当指针变成 ↓ 时，单击选择整个 B 列，公式变为"=sum(B:B)"，如图 4-29 所示。

图 4-29　计算标志总量

（2）计算总捐款人数。总捐款人数即单位总量：单击 D2，再单击"开始"|"Σ自动求和"右边的下三角箭头，选择"计数"命令，如图 4-30 所示，将鼠标移到列标 B 上，当指针变成 ↓ 时，单击选择整个 B 列，公式变为"=count(B:B)"，如图 4-31 所示。

（3）计算人均捐款金额。人均捐款金额即**平均指标**。单击 D3，再单击"开始"|"Σ自动求和"右边的下三角箭头，选择"平均值"命令，最后公式变为"=average(B:B)"，如图 4-32 所示。

图 4-30　计数

	A	B	C	D
1	姓名	捐款金额（元）	标志总量：	16710
2	陈晗	800	单位总量：	=COUNT(B:B)
3	邓小峰	200		COUNT(value1,
4	丁敏	60		
5	杜嫒嫒	30		
6	段德鹏	380		

FREQUENCY　=COUNT(B:B)

图 4-31　计算单位总量

D3　f_x　=AVERAGE(B:B)

	A	B	C	D	E
1	姓名	捐款金额（元）	标志总量：	16710	
2	陈晗	800	单位总量：	80	
3	邓小峰	200	平均数：	208.875	
4	丁敏	60			
5	杜嫒嫒	30			
6	段德鹏	380			

图 4-32　用函数 average 计算算数平均数

如果数据是经过统计汇总的形式，可灵活运用 $\dfrac{\sum x_i f_i}{\sum f_i}$ 计算平均指标。

例 2：××学院新生入学年龄统计表如图 4-33 所示，请统计新生的平均年龄。数据文件见"描述性统计.xlsx"中的"平均年龄"工作表。

根据图 4-33 所示的统计表可知，所有新生中，17 岁的 20 人，18 岁的 2860 人，19 岁的 1680 人，20 岁的 250 人，21 岁的 18 人。平均年龄应等于 $\dfrac{17\times20+18\times2860+19\times1680+20\times250+21\times18}{20+2860+1680+250+18}$，即 $\dfrac{\sum xf}{\sum f}$。在 Excel 中的操作如下。

（1）为了体现计算的过程，在数据的右侧增加一列以计算 xf 的值，在底部增加一行"合计Σ"，分别计算Σf、Σxf，如图 4-34 所示。

	A	B
1	××学院新生入学年龄统计	
2	年龄x（周岁）	人数f
3	17	20
4	18	2860
5	19	1680
6	20	250
7	21	18

图 4-33　年龄统计表

	A	B	C
1	××学院新生入学年龄统计		
2	年龄x（周岁）	人数f	xf
3	17	20	
4	18	2860	
5	19	1680	
6	20	250	
7	21	18	
8	合计Σ		

图 4-34　增加"xf"列和"合计Σ"行

（2）计算 xf 的值。其中 C3 的公式为"=A3*B3"，如图 4-35 所示。然后拖动 C3 的填充柄到 C7。

（3）在单元格 B8 中用"Σ自动求和"功能计算单位总量（Σf）（见图 4-36）；在单元格 C8 中用"Σ自动求和"功能计算标志总量（Σxf）（见图 4-37）。

C3 ▼ f_x =A3*B3

	A	B	C	D
1	××学院新生入学年龄统计			
2	年龄x(周岁)	人数f	xf	
3	17	20	340	
4	18	2860		
5	19	1680		
6	20	250		
7	21	18		
8	合计Σ			

图 4-35 计算 *xf* 的值

	A	B
1	××学院新生入学年龄统计	
2	年龄x(周岁)	人数f
3	17	20
4	18	2860
5	19	1680
6	20	250
7	21	18
8	合	=SUM(B3:B7)

图 4-36 计算 Σ *f*

	A	B	C
1	××学院新生入学年龄统计		
2	年龄x(周岁)	人数f	xf
3	17	20	340
4	18	2860	51480
5	19	1680	31920
6	20	250	5000
7	21	18	378
8	合计Σ	4828	=SUM(C3:C7)

图 4-37 计算 Σ *xf*

（4）在某单元格中使用公式 "=C8/B8" 计算平均年龄，如图 4-38 所示。

	A	B	C
1	××学院新生入学年龄统计		
2	年龄x(周岁)	人数f	xf
3	17	20	340
4	18	2860	51480
5	19	1680	31920
6	20	250	5000
7	21	18	378
8	合计Σ	4828	89118
9			
10	平均年龄	=C8/B8	

图 4-38 计算平均年龄

在 Excel 中，函数 sumproduct 的功能是计算两组或多组数据的乘积之和。

所以，本例可用函数 sumproduct 直接计算Σ*xf*，操作如下。

（1）插入 sumproduct 函数，在"函数参数"对话框的第一个参数中选择单元格区域 A3:A7，在第二个参数中选择单元格区域 B3:B7，如图 4-39 所示。

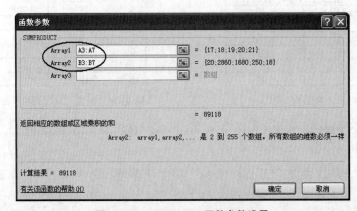

图 4-39 sumproduct 函数参数设置

（2）所以，平均年龄的计算可以直接用公式"=sumproduct(A3:A7,B3:B7)/sum(B3:B7)"完成，不需要计算 xf、$\sum f$、$\sum xf$，如图 4-40 所示。

图 4-40 用 sumproduct 和 sum 计算平均年龄

例 3：IT 企业对 IT 人才中高级程序员的素质要求也越来越高，其中包括团队意识与协作能力、文档处理与测试能力、规范化代码编写能力、需求理解与分析能力、模块化思维能力、学习与总结能力、项目设计与流程处理能力、整体项目评估能力、团队组织与管理能力等。

有一名某高级程序员叫张三，300 名同事对他的评价投票资料如图 4-41 所示，请计算他各个项目的平均得分。数据文件为工作簿"描述性统计.xlsx"中的"程序员测评"工作表。

图 4-41 评价投票资料

从图 4-41 可知，参与投票的人共有 300 人，其中 120 人投"好"（100 分），84 人投"较好"（85 分），60 人投"一般"（65 分），30 人投"较差"（45 分），6 人投"差"（30 分）。所以，"团队意识与协作"的平均得分

$$=\frac{120\times100+84\times85+60\times65+30\times45+6\times30}{300}=81.9\text{（分）}。$$

在 Excel 中的操作如下。

（1）在单元格 G3 中使用公式 "=(B3*100+C3*85+D3*65+E3*45+F3*30)/300" 计算 "团队意识与协作" 的平均得分，如图 4-42 所示。

		A	B	C	D	E	F	G	H
G3		f_x =(B3*100+C3*85+D3*65+E3*45+F3*30)/300							
1			测评票数统计						
2	测评项目	等级 票数	好 （100分）	较好 （85分）	一般 （65分）	较差 （40分）	差 （30分）	项目平均分	
3	团队意识与协作		120	84	60	30	6	81.9	
4	文档处理与测试		105	84	72	36	3		
5	规范化代码编写		96	102	78	21	3		
6	需求理解与分析		105	87	54	39	15		
7	模块化思维		96	78	66	39	21		
8	学习与总结		99	84	69	30	18		
9	项目设计与流程处理		114	75	63	36	12		
10	整体项目评估		108	81	63	30	18		
11	团队组织与管理		138	90	39	24	9		

图 4-42 "团队意识与协作" 的平均得分

（2）双击 G3 的填充柄，即可得到其他项目的平均得分。

如果数据是组距式分组，就先计算组中值 x，再用公式 $\dfrac{\Sigma xf}{\Sigma f}$ 计算平均指标。

例 4：某次考试成绩分组统计情况如图 4-43 所示，请计算此次考试的平均分。数据文件为工作簿 "描述性统计.xlsx" 中的 "平均成绩" 工作表。

	A	B
1	组别	频数f
2	40分以下	80
3	40～60分	340
4	60～70分	1210
5	70～80分	1020
6	80分以上	150

图 4-43 考试成绩分组统计

（1）计算各组的组中值 x，并将每组的组中值直接录入到 C 列，如图 4-44 所示。

	A	B	C
1	组别	频数f	组中值x
2	40分以下	80	30
3	40～60分	340	50
4	60～70分	1210	65
5	70～80分	1020	75
6	80分以上	150	85

图 4-44 计算组中值 x

数据分析基础

（2）计算 xf、Σf、Σxf，并用公式"=D7/B7"计算平均得分 66.9，结果如图 4-45 所示。

	A	B	C	D
				fx =D7/B7
1	组别	频数f	组中值x	xf
2	40分以下	80	30	2400
3	40-60分	340	50	17000
4	60-70分	1210	65	78650
5	70-80分	1020	75	76500
6	80分以上	150	85	12750
7	合计	2800		187300
8				
9	平均分：	66.9		

图 4-45 计算平均分

当然，计算完组中值 x 后，亦可直接用公式"=sumproduct(B2:B6,C2:C6)/sum(B2:B6)"计算平均分。

例 5：打开文件"描述性统计.xlsx"中的"月薪调查"工作表，如图 4-46 所示，请计算平均月薪。

	A	B
1	姓名	月薪(元)
2	陈晗	3000～4000
3	邓小峰	6000～8000
4	丁敏	2000以下
5	杜媛媛	5000～6000
6	段德鹏	5000～6000
7	范建棚	12000以上
8	范志刚	2000～3000
9	高营来	6000～8000
10	桂菲	3000～4000

图 4-46 月薪调查数据

首先，该数据并不是分组数据，而且也不是一个精确的数值，而是一个区间范围。

（1）先对数据进行分组。选择"插入"|"数据透视表"命令后，将字段"月薪"分别添加到"行标签"和"数值"处，如图 4-47 所示。

（2）这时透视表组的顺序不是从小到大排列的，选中 A4:B5，把鼠标移到其边框上，当鼠标变成 4 个箭头时（见图 4-48），按下鼠标不放将其拖到底部合适位置。

（3）用同样的方法将"2000 以下"拖到第一组的位置，结果如图 4-48 所示。

（4）因为透视表的特殊性，所以后续的操作不建议在透视表上进行，建议复制粘贴一份透视表的数值，即在粘贴后单击右下角的智能按钮，选择粘贴"值"，如图 4-49 所示。

61

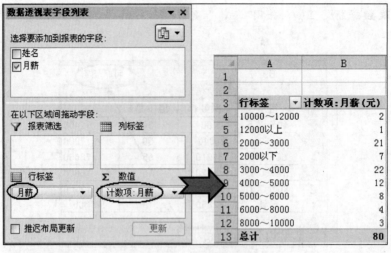

图 4-47　对数据分组

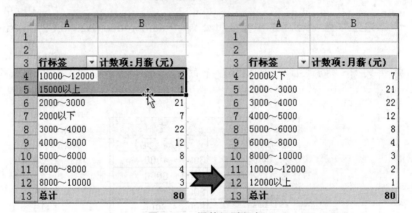

图 4-48　调整组别顺序

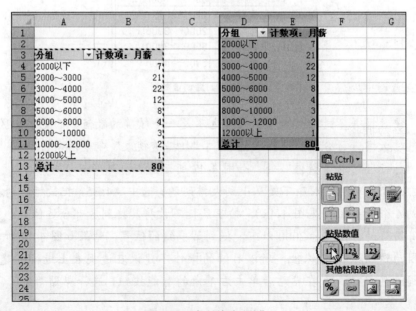

图 4-49　复制粘贴"值"

(5) 修改数据标题、计算组中值、用 sumproduct 函数和 sum 函数计算平均数，结果如图 4-50 所示。

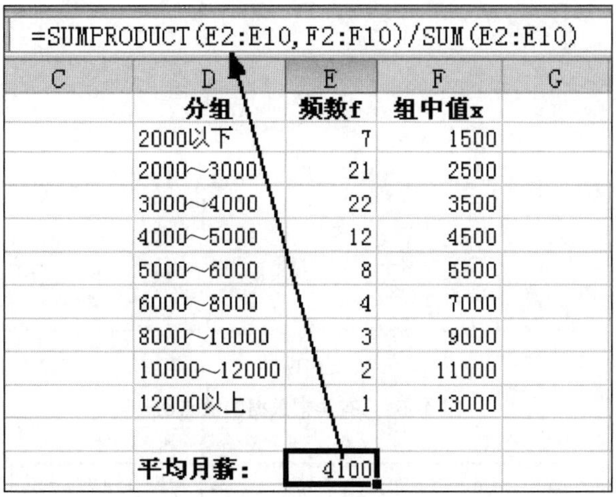
=SUMPRODUCT(E2:E10,F2:F10)/SUM(E2:E10)

C	D	E	F	G
	分组	频数f	组中值x	
	2000以下	7	1500	
	2000～3000	21	2500	
	3000～4000	22	3500	
	4000～5000	12	4500	
	5000～6000	8	5500	
	6000～8000	4	7000	
	8000～10000	3	9000	
	10000～12000	2	11000	
	12000以上	1	13000	
	平均月薪：	4100		

图 4-50 计算结果

4.2.2 中位数和众数

中位数是指将总体各单位的标志值按大小顺序排列时位于数列中间位置的数据。如果有偶数个数据，则取中间两个数的平均数。中位数用字母 M_e（median）表示。

众数是指总体中出现次数最多的数据，用字母 M_o（mode）表示。

中位数和众数也可以表明总体的一般水平。

在实际工作中，众数是应用较广泛的。例如，要说明消费者需要的服装、鞋帽等的普遍尺码，反映集市、贸易市场某种蔬菜的价格等，都可以通过市场调查、分析，了解哪一尺码的成交量最大，哪一价格的成交量最多。

假如我们要考查某学校某班的数学水平，一般情况下，我们要看全班的平均分。但如果这个班大多数学生的分数都在 50 分左右，只有一个天才居然考了满分 100 分，以一己之力将全班的平均分拉高了不少，这时用平均分来衡量全班同学的数学水平显然是不科学的。

所以，当数据整体平稳，但有少数异常值时，用均值来做指标参考就不靠谱了，这种情况更适合用中位数或众数来作为指标。

那么，如何判断数据整体是否平稳、是否有异常值出现呢？绘制一下数据的散点图就一目了然了，如图 4-51 所示。

1. 用函数 median 计算中位数 M_e

例 1：打开文件“描述性统计.xlsx”的“捐款资料”工作表，计算“捐款金额”的中位数。

用函数 median 计算中位数 M_e，如图 4-52 所示。

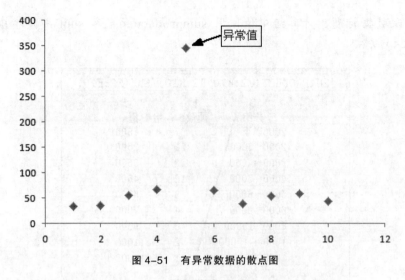

图 4-51 有异常数据的散点图

D4			f_x	=MEDIAN(B:B)	
	A	B	C	D	E
1	姓名	捐款金额（元）	标志总量：	16710	
2	陈晗	800	单位总量：	80	
3	邓小峰	200	平均数：	208.875	
4	丁敏	60	中位数：	125	
5	杜媛媛	30	众数：		
6	段德鹏	380			

图 4-52 用函数 median 计算中位数

2. 用函数 mode 计算众数 M_o

例 2：打开文件"描述性统计.xlsx"的"捐款资料"工作表，计算"捐款金额"的众数，如图 4-53 所示。

D5			f_x	=MODE(B:B)	
	A	B	C	D	E
1	姓名	捐款金额（元）	标志总量：	16710	
2	陈晗	800	单位总量：	80	
3	邓小峰	200	平均数：	208.875	
4	丁敏	60	中位数：	125	
5	杜媛媛	30	众数：	60	
6	段德鹏	380			

图 4-53 用函数 mode 计算众数

4.2.3 极差、方差、标准差和标准差系数

有一组数据：x_1、x_2、x_3、x_4、…

① 极差=最大值-最小值；

② 方差=$\dfrac{\Sigma(x_i-\overline{x})^2}{n}$；

③ 标准差=$\sqrt{\dfrac{\Sigma(x_i-\overline{x})^2}{n}}$；

④ 标准差系数=$\dfrac{标准差}{平均值}$。

这几个指标用于描述数据的**差异程度**和**离散程度**。指标值越大，说明数据的离散程度越大，即数据波动幅度大，平均值的代表性越差；指标值越小，说明数据越平稳，波动幅度小，平均值的代表性越好。

如果直接从数学角度用数学公式的方法来计算方差和标准差是比较烦琐的。在 Excel 中，用函数计算要方便得多，如图 4-54～图 4-57 所示。

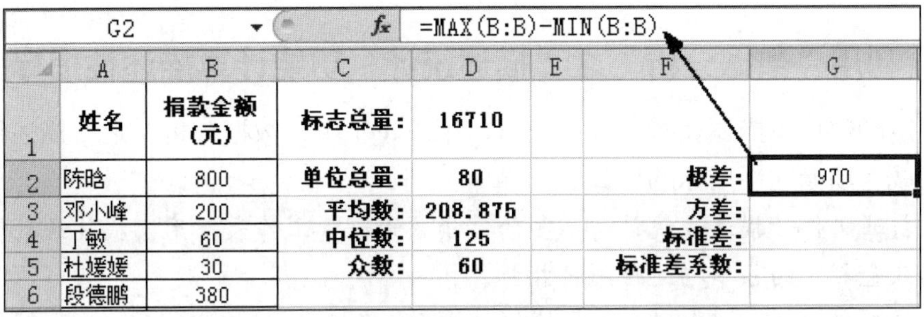

图 4-54　用函数 max 和 min 的差计算极值

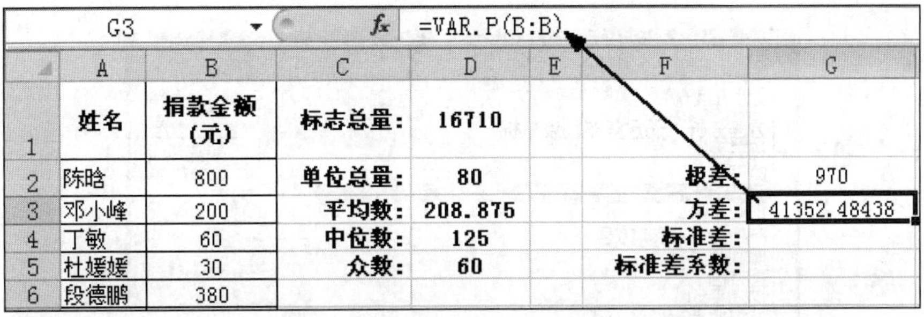

图 4-55　用函数 var.p 计算方差

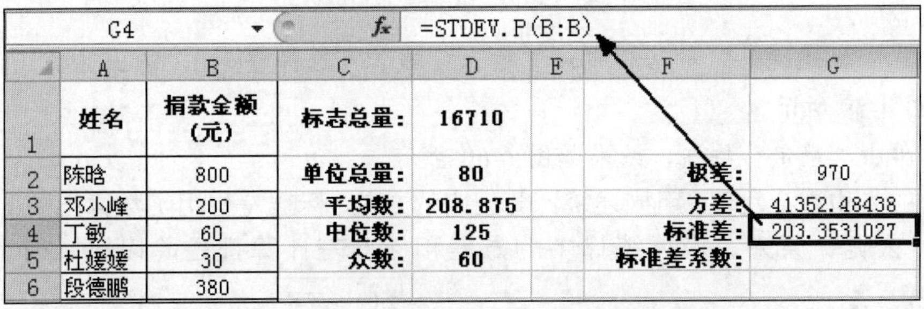

图 4-56　用函数 stdev.p 计算标准差

	G5		f_x	=G4/D3		
	A	B	C	D	E	F	G
1	姓名	捐款金额（元）	标志总量：	16710			
2	陈晗	800	单位总量：	80		极差	970
3	邓小峰	200	平均数：	208.875		方差	41352.48438
4	丁敏	60	中位数：	125		标准差	203.3531027
5	杜媛媛	30	众数：	60		标准差系数	0.973563627
6	段德鹏	380					

图 4-57 计算标准差系数

① 极差 $R=\max()-\min()$；

② 方差 $\sigma^2=\text{var.p}()$；

③ 标准差 $\sigma=\text{stdev.p}()$；

④ 标准差系数 $V_\sigma=\dfrac{\text{stdev.p}()}{\text{average}()}$。

4.2.4 利用"数据分析"之"描述统计"功能计算描述性指标

除了用函数计算描述性指标外，还可以用 Excel 中"数据分析"之"描述统计"功能快速完成各项描述性指标的计算。

例： 打开文件"描述性统计.xlsx"的"捐款资料"工作表，用"描述统计"的方法统计"捐款金额"的各项描述性统计指标。

（1）单击"数据"|"数据分析"按钮，打开"数据分析"对话框，选择"描述统计"功能，单击"确定"按钮，如图 4-58 所示。

图 4-58 "数据分析"之"描述统计"

（2）在"描述统计"对话框中设置输入区域（可选择整列）、输出区域（仅选择起点），如图 4-59 所示。

（3）单击"确定"按钮，结果如图 4-60 所示。

细心的人也许会发现，用描述统计算出来的方差、标准差与用函数算出来的不一样，这是为什么呢？原来，描述统计中的方差和标准差计算都是除以了 $n-1$，即方差 $=\dfrac{\Sigma(x_i-\bar{x})^2}{n-1}$，相应的 Excel 函数为 var.s；标准差 $=\sqrt{\dfrac{\Sigma(x_i-\bar{x})^2}{n-1}}$，相应的 Excel 函数为 stdev.s。

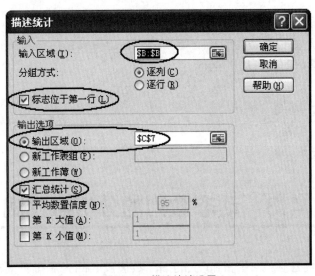

图 4-59 描述统计设置

	A	B	C	D	E	F	G
1	姓名	捐款金额(元)	标志总量:	16710			
2	陈晗	800	单位总量:	80		极差:	970
3	邓小峰	200	平均数:	208.875		方差:	41352.48438
4	丁敏	60				标准差:	203.3531027
5	杜嫒嫒	30				标准差系数:	0.973563627
6	段德鹏	380					
7	范建棚	150	捐款金额(元)				
8	范志刚	380					
9	高营来	350	平均	208.875			
10	桂菲	150	标准误差	22.87901			
11	郭灵发	350	中位数	125			
12	何梦炜	40	众数	60			
13	贺小红	40	标准差	204.6361			
14	胡智坚	450	方差	41875.93			
15	黄敏杰	200	峰度	2.875771			
16	黄学义	30	偏度	1.611412			
17	江滨	100	区域	970			
18	乐炜	40	最小值	30			
19	雷波	700	最大值	1000			
20	黎明	50	求和	16710			
21	李光周	600	观测数	80			

图 4-60 描述统计结果

那描述统计为什么要除以 $n-1$ 呢？原来，在统计学中，计算总体的标准差用公式 $\sqrt{\dfrac{\Sigma(x_i-\overline{x})^2}{n}}$，计算样本的标准差就用公式 $\sqrt{\dfrac{\Sigma(x_i-\overline{x})^2}{n-1}}$。显然，描述统计分析中是把数据都当成了抽样分析。

大数据意味着所有统计对象的数据都能应用到统计过程中，统计数据不再存在局限性，配合适当的统计方法和数据处理方法，得出的统计结果将更具有代表性和说服力。

"描述统计"结果中其他指标的含义或公式如下。

① 标准误差：$\dfrac{\sigma}{\sqrt{n}} = \sqrt{\dfrac{\Sigma(x_i - \overline{x})^2}{n(n-1)}}$。

② 峰度：衡量数据离群度的指标。

③ 偏度：衡量数据偏斜平均数 $\overline{x}$ 的方向和程度。

④ 区域：极值。

⑤ 求和：标志总量。

⑥ 观测数：单位总量。

4.3 动态数列的分析与预测

动态数列是指将总体在不同时间上的指标数值按时间先后排列而成的序列，又叫**时间数列**。

为了方便起见，动态数列经常以表格的形式展现，如表 4-4 所示。

表 4-4　动态数列的形式

时间	t_0	t_1	t_2	t_3	……
指标数值（水平值）	a_0	a_1	a_2	a_3	……

动态数列有两个基本要素：时间 t 和水平值 a。

4.3.1 动态数列的速度指标

动态数列常用的速度指标有发展速度、总发展速度、增长速度、平均发展速度和平均增长速度。

1. 发展速度

研究动态数列时，如果要将两个不同时期的水平值进行对比，那么分析研究时期的水平值叫**报告期水平**；对比基础时期的水平值叫**基期水平**。

$$发展速度 = \dfrac{报告期水平}{基期水平} \times 100\%。$$

根据基期的不同，发展速度分成以下 3 种。

（1）**定基**发展速度：基期为某一固定时期（如 a_0），表示为 $\dfrac{a_n}{a_0}$。

（2）**环比**发展速度：基期为上一期，表示为 $\dfrac{a_n}{a_{n-1}}$。

（3）**同比**发展速度（年距发展速度）：基期为上年同期，表示为 $\dfrac{报告期水平}{上年同期水平}$。

注意：期的单位可以是年、月、周、天，也可以是小时、分、秒、毫秒。当发展速度＞100%时，表示总体在增加；当发展速度＜100%时，，表示总体在减少。

例1：文件"动态数列分析.xlsx"的"发展速度1"工作表中列出某企业2010—2015年固定资产投资情况如图4-61所示，请计算历年的定基发展速度、环比发展速度。

	A	B	C	D	E	F	G	H
1	某企业2010-2015年固定资产投资情况							
2	年　份		2010	2011	2012	2013	2014	2015
3	固定资产投资(亿元)		43500	55567	70477	88774	109870	137239
4	定基发展速度%							
5	环比发展速度%							

图4-61　某企业2010—2015年固定资产投资情况

（1）计算定基发展速度

2010年是第一年，不需要计算发展速度，

$$2011\text{年的定基发展速度} = \frac{2011\text{年的投资额}}{2010\text{年的投资额}} = \frac{D3}{C3}。$$

因为每年的定基发展速度的分母都是2010年的水平值（C3单元格的值），所以分母C3要用绝对引用。因此在D4中使用公式"=D3/$C$3"计算2011年的定基发展速度，算好后将其设置为"百分数"形式，然后拖动D4的填充柄到H4，计算出每年的定基发展速度。

（2）计算环比发展速度

2010年不存在环比发展速度，$2011\text{年的环比发展速度} = \frac{2011\text{年的投资额}}{2010\text{年的投资额}} = \frac{D3}{C3}。$

所以在D5中使用公式"=D3/C3"计算2011年的环比发展速度，算好后也将其设置为"百分数"形式，然后拖动D5的填充柄到H5，计算出每年的环比发展速度。结果如图4-62所示。

69

	A	B	C	D	E	F	G	H
1	某企业2010-2015年固定资产投资情况							
2	年　份		2010	2011	2012	2013	2014	2015
3	固定资产投资(亿元)		43500	55567	70477	88774	109870	137239
4	定基发展速度%		－	128%	162%	204%	253%	315%
5	环比发展速度%		－	128%	127%	126%	124%	125%

图4-62　计算定基发展速度和环比发展速度

2. 总发展速度

总发展速度简称**总速度**。顾名思义，总发展速度就是一段时间以来总的发展速度，在数值上应等于最终的水平值除以最初的水平值，即 $\frac{a_n}{a_0}$。

例2：已知2009—2015年淘宝"双11"销量统计资料如图4-63所示，请计算

2009—2015 年的总发展速度。数据文件为"动态数列分析.xlsx"的"发展速度 2"工作表。

	A	B	C	D	E	F	G	H
1				2009-2015年淘宝双11销量统计				
2	年份	2009	2010	2011	2012	2013	2014	2015
3	销量（亿元）	0.5	9.36	33.6	191	350.19	571	912

图 4-63 淘宝"双 11"销量统计

解： 总发展速度 $= \dfrac{a_n}{a_0} = \dfrac{912}{0.5} = 182400\%$，所以，总发展速度就是**定基发展速度**。

例 3： 已知某公司 2006—2015 年的发展速度如图 4-64 所示，请计算 10 年内的总发展速度。数据文件为"动态数列分析.xlsx"的"发展速度 3"工作表。

	A	B	C	D	E	F	G	H	I	J	K
1					某公司近十年的发展速度						
2	年份	2006	2007	2008	2009	2010	2011	2012	2013	2014	2015
3	环比发展速度	105%	110%	103%	110%	120%	95%	130%	118%	128%	121%

图 4-64 某公司 2006—2015 年的发展速度

解： 因为，$\dfrac{a_n}{a_0} = \dfrac{a_1}{a_0} \times \dfrac{a_2}{a_1} \times \dfrac{a_3}{a_2} \times \cdots \times \dfrac{a_n}{a_{n-1}}$，所以，总发展速度 = 环比发展速度的乘积。

在 Excel 中，有一个函数能计算 n 个数的连乘积，就是 product 函数。所以，总发展速度 = product(环比发展速度)。

因此该例可用公式"=product(B3:K3)"计算 10 年的总发展速度，如图 4-65 所示。

B5			f_x	=PRODUCT(B3:K3)							
	A	B	C	D	E	F	G	H	I	J	K
1					某公司近十年的发展速度						
2	年份	2006	2007	2008	2009	2010	2011	2012	2013	2014	2015
3	环比发展速度	105%	110%	103%	110%	120%	95%	130%	118%	128%	121%
4											
5	总发展速度：	354%									

图 4-65 用 product 函数计算总发展速度

所以在例 1 中，2015 年的定基发展速度 H4 就是总发展速度，当然也可以用公式"=product(D5:H5)"计算总发展速度，如图 4-66 所示。

C6			f_x	=PRODUCT(D5:H5)			
	A	B	C	D	E	F	G	H
1			某企业2010-2015年固定资产投资情况					
2	年	份	2010	2011	2012	2013	2014	2015
3	固定资产投资（亿元）		43500	55567	70477	88774	109870	137239
4	定基发展速度%		–	128%	162%	204%	253%	315%
5	环比发展速度%		–	128%	127%	126%	124%	125%
6	总发展速度				315%			
7	平均发展速度							

图 4-66 计算总发展速度

3. 平均发展速度

平均发展速度 $\bar{x} = \sqrt[n]{\dfrac{a_n}{a_0}} = \sqrt[n]{\dfrac{a_1}{a_0} \times \dfrac{a_2}{a_1} \times \dfrac{a_3}{a_2} \times \cdots \times \dfrac{a_n}{a_{n-1}}}$。

数学上，我们把 n 个数的乘积开 n 次方根，叫作这 n 个数的**几何平均数**。所以，平均发展速度=环比发展速度的几何平均数。

在 Excel 中，有一个函数可以计算 n 个数的几何平均数，就是 geomean 函数，即平均发展速度=geomean(环比发展速度)。

所以，例 2 中平均发展速度的计算过程如下：

解：总发展速度 $= \dfrac{a_n}{a_0} = \dfrac{912}{0.5} = 182400\%$，平均发展速度 $= \sqrt[n]{\dfrac{a_n}{a_0}} = \sqrt[6]{\dfrac{912}{0.5}} = 349.55\%$。

在 Excel 中，用公式 "=(B5)^(1/6)" 或=power(B5，1/6)计算平均发展速度，如图 4-67 和图 4-68 所示。

图 4-67　计算平均发展速度（一）

图 4-68　计算平均发展速度（二）

例 3 中的平均发展速度计算公式则应该用 "=geomean(B3:K3)"，如图 4-69 所示。

图 4-69　计算平均发展速度（三）

思考：例 1 中如何计算其平均发展速度？

4．增长速度

$$增长速度 = \frac{报告期水平-基期水平}{基期水平} = 发展速度-1。$$

根据基期的不同，增长速度也分定基、环比、同比 3 种。

（1）定基增长速度 $= \dfrac{a_n - a_0}{a_0}$ = 定基发展速度-1；

（2）环比增长速度 $= \dfrac{a_n - a_{n-1}}{a_{n-1}}$ = 环比发展速度-1；

（3）同比增长速度 $= \dfrac{（报告期水平-上年同期水平）}{上年同期水平}$ = 同比发展速度-1。

另外，平均增长速度=平均发展速度-1。

例 4：2014 年 1 月至 2015 年 12 月京东商城空气净化器的销量统计资料（销量前十大品牌 TPO10）如图 4-70 所示，请计算每个月的"发展速度"和"增长速度"。数据文件为"动态数列分析.xlsx"的"发展速度 4"工作表。

	A	B	C	D	E	F
1	时间	销售量（台）	环比发展速度	同比发展速度	环比增长速度	同比增长速度
2	2014-01	38336				
3	2014-02	35103				
4	2014-03	41529				
5	2014-04	44967				
6	2014-05	49935				
7	2014-06	56192				
8	2014-07	30795				
9	2014-08	33986				
10	2014-09	87302				
11	2014-10	47597				
12	2014-11	49594				
13	2014-12	120412				
14	2015-01	58278				
15	2015-02	55142				
16	2015-03	63783				
17	2015-04	55001				
18	2015-05	203327				
19	2015-06	139091				
20	2015-07	216839				
21	2015-08	155192				
22	2015-09	148568				
23	2015-10	199466				
24	2015-11	239095				
25	2015-12	391314				

图 4-70　京东商城空气净化器的销量统计资料

（1）在单元格 C3 中用公式"=B3/B2"计算 2014 年 2 月的环比发展速度，然后拖动 C3 的填充柄向下填充到 C25；

（2）在单元格 D14 中用公式"=B14/B2"计算 2015 年 1 月的同比发展速度，然后拖动 D14 的填充柄向下填充到 D25；

（3）在单元格 E3 中用公式"=C3-1"计算 2014 年 2 月的环比增长速度，然后拖动

E3 的填充柄向下填充到 E25；

（4）在单元格 F14 中用公式"=D14-1"计算 2015 年 1 月的同比增长速度，然后拖动 F14 的填充柄向下填充到 F25；

（5）将以上数据均设置为"百分数"形式，并保留 1 位小数，最后结果如图 4-71 所示。

	A	B	C	D	E	F
1	时间	销售量（台）	环比发展速度	同比发展速度	环比增长速度	同比增长速度
2	2014-01	38336				
3	2014-02	35103	91.6%		-8.4%	
4	2014-03	41529	118.3%		18.3%	
5	2014-04	44967	108.3%		8.3%	
6	2014-05	49935	111.0%		11.0%	
7	2014-06	56192	112.5%		12.5%	
8	2014-07	30795	54.8%		-45.2%	
9	2014-08	33986	110.4%		10.4%	
10	2014-09	87302	256.9%		156.9%	
11	2014-10	47597	54.5%		-45.5%	
12	2014-11	49594	104.2%		4.2%	
13	2014-12	120412	242.8%		142.8%	
14	2015-01	58278	48.4%	152.0%	-51.6%	52.0%
15	2015-02	55142	94.6%	157.1%	-5.4%	57.1%
16	2015-03	63783	115.7%	153.6%	15.7%	53.6%
17	2015-04	55001	86.2%	122.3%	-13.8%	22.3%
18	2015-05	203327	369.7%	407.2%	269.7%	307.2%
19	2015-06	139091	68.4%	247.5%	-31.6%	147.5%
20	2015-07	216839	155.9%	704.1%	55.9%	604.1%
21	2015-08	155192	71.6%	456.6%	-28.4%	356.6%
22	2015-09	148568	95.7%	170.2%	-4.3%	70.2%
23	2015-10	199466	134.3%	419.1%	34.3%	319.1%
24	2015-11	239095	119.9%	482.1%	19.9%	382.1%
25	2015-12	391314	163.7%	325.0%	63.7%	225.0%

图 4-71 京东商城空气净化器销售量的速度指标

例 5：已知某企业的经济效益连年增长，2013 年是 2012 年的 110%，2014 年是 2013 年的 120%，2015 年是 2014 年的 115%。计算 3 年来年平均增长速度是多少。数据文件为"动态数列分析.xlsx"的"平均增长速度 1"工作表。

解：因为，平均增长速度=平均发展速度-1，所以，3 年来年平均增长速度=$\sqrt[3]{110\% \times 120\% \times 115\%} - 1 = 14.93$。

在 Excel 中，用公式"=geomean(110%,120%,115%)-1"计算。

例 6：已知某公司 2011—2015 年固定资产投资额环比增长速度资料表如图 4-72 所示，请计算 5 年的平均增长速度。数据文件为"动态数列分析.xlsx"的"平均增长速度 2"工作表。

	A	B	C	D	E	F
1	某公司2011-2015年固定资产投资额环比增长速度资料表					
2	年 份	2011	2012	2013	2014	2015
3	环比增长速度	17%	20%	5%	12%	18%

图 4-72 某公司 2011—2015 年固定资产投资额环比增长速度资料表

第 1 种错误：平均增长速度=average(B3:F3)=14.40%。

第 2 种错误：平均增长速度=geomean(B3:F3)=12.97%。

正确解法是：先利用环比增长速度计算环比发展速度，再利用环比发展速度计算平均发展速度，再用平均发展速度减 1 即可，如图 4-73 所示。

B6 　fx =GEOMEAN(B4:F4)-1

	A	B	C	D	E	F
1	某公司2011-2015年固定资产投资额环比增长速度资料表					
2	年　份	2011	2012	2013	2014	2015
3	环比增长速度	17%	20%	5%	12%	18%
4	环比发展速度	117%	120%	105%	112%	118%
5						
6	平均增长速度	14.27%				

图 4-73　计算环比增长速度

4.3.2　同期平均法预测

总体随着季节的变动而引起的比较有规则的波动叫作季节变动。

例如，在市场销售中，一些商品（如电风扇、冷饮、四季服装等）往往受季节影响而出现销售的淡季和旺季之分的季节性变动规律。比如，农牧业生产就是典型的季节性生产，并且也影响以农牧业产品为原料的加工工业的生产、商业部门对农牧产品的购销以及交通运输部门的货运量方面，使得它们的生产经营也带有季节性。

除了由季节变动引起的数据波动外，还有可能由月份引起的数据波动，对于这类数据的分析，我们常用**同期平均法**。

同期平均法就是先根据动态数列求出同期（季或月）平均数，再计算各期的季节指数，最后根据季节指数预测下一期的数据。具体的计算过程为：

（1）先根据历年（3 年以上）资料求出同期（季或月）平均数；

（2）求季节指数=$\dfrac{\text{同期平均数}}{\text{历年总平均数（同期平均数的平均数）}}\times100\%$；

（3）计算各期的预测值=上年的平均水平×各期的季节指数。

显然，季节指数是一种相对指标。季节指数平均数为 100%，季节变动表现为各季的季节指数围绕着 100%上下波动，如果某种商品第一季度的季节指数为 125%，表明该商品第一季度的销售量高于年平均数 25%，属旺季；若第三季度的季节指数为 73%，则表明该商品第三季度的销售量低于年平均数 25%，属淡季。

例：某商场 2012—2015 年 4 年每月的空调销售量资料如图 4-74 所示，用同期平均法计算各月的季节指数，并预测 2016 年每月的销售量。数据文件为“动态数列分析.xlsx”中的“同期平均法”工作表。

▲	A	B	C	D	E
1	某商场空调销售量资料　　单位：台				
2	年份 月份	2012	2013	2014	2015
3	1	10	9	12	9
4	2	19	15	12	10
5	3	20	24	20	36
6	4	24	24	18	14
7	5	32	36	36	32
8	6	42	45	46	43
9	7	41	48	57	30
10	8	88	82	88	86
11	9	30	28	26	28
12	10	22	19	22	21
13	11	16	17	17	18
14	12	8	13	16	15

图 4-74　某商场空调销售量资料

解： 根据图 4-74 的资料可知，空调销售随月份的变化呈现有规律的数据波动，所以可用**同期平均法**做预测分析，分析过程如下。

（1）计算同期平均数。在 F3 单元格中用公式 "=average(B3:E3)" 计算 1 月份的平均数，并将其填充到 F14，完成 12 个月的平均数计算，结果如图 4-75 所示。

▲	A	B	C	D	E	F
1	某商场空调销售量资料　　单位：台					
2	年份 月份	2012	2013	2014	2015	同期平均数
3	1	10	9	12	9	10
4	2	19	15	12	10	14
5	3	20	24	20	36	25
6	4	24	24	18	14	20
7	5	32	36	36	32	34
8	6	42	45	46	43	44
9	7	41	48	57	30	44
10	8	88	82	88	86	86
11	9	30	28	26	28	28
12	10	22	19	22	21	21
13	11	16	17	17	18	17
14	12	8	13	16	15	13

图 4-75　计算同期平均数

（2）计算每年的平均数和 4 年的总平均数。先在 B15 单元格中用公式 "=average(B3:B14)" 计算 2012 年的平均数。然后，将 B15 的填充柄拖到 F15，结果如图 4-76 所示。F15 是上面 12 个同期平均数的平均数，也正好是 4 年的总平均数。

（3）求 12 个月的季节指数。在 G3 单元格中用公式"=F3/$F$15"计算 1 月份的季节指数，并将 G3 设置为"百分数"形式，小数位数设置为 1 位。然后，将 G3 的填充柄拖到 G14，计算出其他 11 个月的季节指数。最后，将 F15 的填充柄拖到 G15，并将 G15 设置为"百分数"，结果如图 4-77 所示。如果没出错的话，G15 应该恒为 100%。因为它是所有季节指数的平均数。

月份\年份	2012	2013	2014	2015	同期平均数
某商场空调销售量资料 单位：台					
1	10	9	12	9	10
2	19	15	12	10	14
3	20	24	20	36	25
4	24	24	18	14	20
5	32	36	36	32	34
6	42	45	46	43	44
7	41	48	57	30	44
8	88	82	88	86	86
9	30	28	26	28	28
10	22	19	22	21	21
11	16	17	17	18	17
12	8	13	16	15	13
平均	29.33	30.00	30.83	28.50	29.67

图 4-76　计算年平均数和总平均数

月份\年份	2012	2013	2014	2015	同期平均数	季节指数
某商场空调销售量资料 单位：台						
1	10	9	12	9	10	33.7%
2	19	15	12	10	14	47.2%
3	20	24	20	36	25	84.3%
4	24	24	18	14	20	67.4%
5	32	36	36	32	34	114.6%
6	42	45	46	43	44	148.3%
7	41	48	57	30	44	148.3%
8	88	82	88	86	86	289.9%
9	30	28	26	28	28	94.4%
10	22	19	22	21	21	70.8%
11	16	17	17	18	17	57.3%
12	8	13	16	15	13	43.8%
平均	29.33	30.00	30.83	28.50	29.67	100%

图 4-77　季节指数

通过上面的季节指数可以看出，从 1 月份开始，各月份季节指数逐月增长，8 月份达到最高峰，9 月份又开始锐减。

（4）用季节指数预测 2016 年的数据。先在 H3 单元格中用公式"=$E$15*G3"预测 2016 年 1 月份的数据。然后，将 H3 的填充柄拖到 H14，得到 2016 年其他月份的预测数据，结果如图 4-78 所示。

	A	B	C	D	E	F	G	H
1	某商场空调销售量资料　单位：台							
2	月份\年份	2012	2013	2014	2015	同期平均数	季节指数	预测2016年
3	1	10	9	12	9	10	33.7%	10
4	2	19	15	12	10	14	47.2%	13
5	3	20	24	20	36	25	84.3%	24
6	4	24	24	18	14	20	67.4%	19
7	5	32	36	36	32	34	114.6%	33
8	6	42	45	46	43	44	148.3%	42
9	7	41	48	57	30	44	148.3%	42
10	8	88	82	88	86	86	289.9%	83
11	9	30	28	26	28	28	94.4%	27
12	10	22	19	22	21	21	70.8%	20
13	11	16	17	17	18	17	57.3%	16
14	12	8	13	16	15	13	43.8%	12
15	平均	29.33	30.00	30.83	28.50	29.67	100%	

图 4-78　预测结果

4.3.3　移动平均趋势剔除法预测

如果动态数列的发展水平既有规律性的季节变化，又有明显的长期趋势，最好采用移动平均趋势剔除法，排除不规则变动等因素的影响，使数据分析更合理、更准确。其具体过程为：

（1）对动态数列用四项移动平均法加以修正；

（2）计算趋势值 $= \dfrac{原数据\ y}{修正后数据\ T}$，由趋势值组成一个新的数列；

（3）根据新的数列 $\dfrac{y}{T}$，计算各期的季节指数；

（4）计算各期的预测值 = 上年的平均水平 × 各期的季节指数。

例：某企业 5 年来各季节销售资料如图 4-79 所示，用移动平均剔除法计算季节指数，并根据季节指数预测 2016 年各季度的销量。数据文件为"动态数列分析.xlsx"的"趋势剔除法"工作表。

解：将图 4-79 所给资料绘制成带平滑线和数据标志的散点图，如图 4-80 所示。根据图 4-80 可知，数据的变化不仅呈现季节变动性，还有明显的长期趋势，所以可用**移动平均趋势剔除法**做预测分析。分析过程如下。

某企业五年各季节销售量资料 单位:万件		
年份	季节	销售量y
2011	1	19
	2	40
	3	50
	4	27
2012	1	31
	2	50
	3	53
	4	38
2013	1	30
	2	42
	3	65
	4	35
2014	1	36
	2	45
	3	80
	4	50
2015	1	45
	2	60
	3	80
	4	53

图 4-79　各季节的销售资料

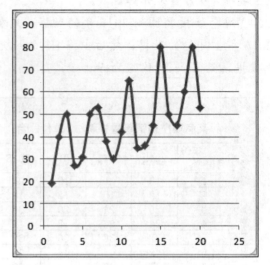

图 4-80　销量散点图

（1）分别在 D 列、E 列计算动态数列的四项移动平均数及正位平均数，结果如图 4-81 所示。

某企业五年各季节销售量资料 单位:万件				
年份	季节	销售量y	四项移动平均	正位平均T
2011	1	19	—	—
	2	40	—	—
	3	50	34	35.5
	4	27	37	38.25
2012	1	31	39.5	39.875
	2	50	40.25	41.625
	3	53	43	42.875
	4	38	42.75	41.75
2013	1	30	40.75	42.25
	2	42	43.75	43.375
	3	65	43	43.75
	4	35	44.5	44.875
2014	1	36	45.25	47.125
	2	45	49	50.875
	3	80	52.75	53.875
	4	50	55	56.875
2015	1	45	58.75	58.75
	2	60	58.75	59.125
	3	80	59.5	—
	4	53		

图 4-81　计算四项移动平均数及其正位平均数

（2）在 F 列计算趋势值 $\frac{y}{T}$。先在 F5 中用公式 "=C5/E5" 计算第一个趋势值，确认后，将 F5 的填充柄拖到 F20，结果如图 4-82 所示。

	A	B	C	D	E	F
1	某企业五年各季节销售量资料 单位:万件					
2	年份	季节	销售量y	四项移动平均	正位平均T	趋势值y/T
3	2011	1	19	—	—	—
4		2	40	—	—	—
5		3	50	34	35.5	1.4085
6		4	27	37	38.25	0.7059
7	2012	1	31	39.5	39.875	0.7774
8		2	50	40.25	41.625	1.2012
9		3	53	43	42.875	1.2362
10		4	38	42.75	41.75	0.9102
11	2013	1	30	40.75	42.25	0.7101
12		2	42	43.75	43.375	0.9683
13		3	65	43	43.75	1.4857
14		4	35	44.5	44.875	0.7799
15	2014	1	36	45.25	47.125	0.7639
16		2	45	49	50.875	0.8845
17		3	80	52.75	53.875	1.4849
18		4	50	55	56.875	0.8791
19	2015	1	45	58.75	58.75	0.7660
20		2	60	58.75	59.125	1.0148
21		3	80	59.5	—	—
22		4	53	—	—	—

图 4-82 计算趋势值

（3）计算趋势值$\frac{y}{T}$的同期平均数（季平均）。先在单元格 G5 中使用公式“average(F5,F9,F13,F17)”计算第三季度的平均数，然后，将 G5 的填充柄拖到 G8，结果如图 4-83 所示。

	A	B	C	D	E	F	G
1	某企业五年各季节销售量资料 单位:万件						
2	年份	季节	销售量y	四项移动平均	正位平均T	趋势值y/T	季平均
3	2011	1	19	—	—	—	
4		2	40	—	—	—	
5		3	50	34	35.5	1.4085	1.4038
6		4	27	37	38.25	0.7059	0.8188
7	2012	1	31	39.5	39.875	0.7774	0.7543
8		2	50	40.25	41.625	1.2012	1.0172
9		3	53	43	42.875	1.2362	
10		4	38	42.75	41.75	0.9102	
11	2013	1	30	40.75	42.25	0.7101	
12		2	42	43.75	43.375	0.9683	
13		3	65	43	43.75	1.4857	
14		4	35	44.5	44.875	0.7799	
15	2014	1	36	45.25	47.125	0.7639	
16		2	45	49	50.875	0.8845	
17		3	80	52.75	53.875	1.4849	
18		4	50	55	56.875	0.8791	
19	2015	1	45	58.75	58.75	0.7660	
20		2	60	58.75	59.125	1.0148	
21		3	80	59.5	—	—	
22		4	53	—	—	—	

图 4-83 计算季平均数

（4）计算历年的总平均数。总平均数即季平均的平均数，所以，在单元格 G23 中用公式“=average(G5:G8)”计算季平均的平均数，结果为 0.9985，如图 4-84 所示。

（5）计算季节指数。先在单元格 H5 中使用公式"=G5/\$G\$23"计算第三季度的季节指数，然后，将 H5 的填充柄拖到 H8，结果如图 4-84 所示。

	A	B	C	D	G	H	I
1	某企业五年各季节销售量资料 单位:万件						
2	年份	季节	销售量y	四项移动平均	季平均	季节指数%	预测值
3		1	19				
4	2011	2	40	—			
5		3	50	34	1.4038	140.59%	
6		4	27	37	0.8188	82.00%	
7		1	31	39.5	0.7543	75.54%	
8	2012	2	50	40.25	1.0172	101.87%	
9		3	53	43			
10		4	38	42.75			
11		1	30	40.75			
12	2013	2	42	43.75			
13		3	65	43			
14		4	35	44.5			
15		1	36	45.25			
16	2014	2	45	49			
17		3	80	52.75			
18		4	50	55			
19		1	45	58.75			
20	2015	2	60	58.75			
21		3	80	59.5			
22		4	53	—			
23	总平均				0.9985		

图 4-84　计算总平均数和季节指数

（6）预测 2016 年数据。因为，预测值=上年的平均数×季节指数，所以先要求出 2015 年的平均数，这个平均数正好就是单元格 D21 中的数据"59.5"。所以，在单元格 I5 中使用公式"=59.5*H5"计算第三季度的预测值，然后将 I5 的填充柄拖到 I8，结果如图 4-85 所示。

	A	B	C	D	G	H	I
1	某企业五年各季节销售量资料 单位:万件						
2	年份	季节	销售量y	四项移动平均	季平均	季节指数%	预测值
3		1	19	—			
4	2011	2	40	—			
5		3	50	34	1.4038	140.59%	83.6
6		4	27	37	0.8188	82.00%	48.8
7		1	31	39.5	0.7543	75.54%	44.9
8	2012	2	50	40.25	1.0172	101.87%	60.6
9		3	53	43			
10		4	38	42.75			
11		1	30	40.75			
12	2013	2	42	43.75			
13		3	65	43			
14		4	35	44.5			
15		1	36	45.25			
16	2014	2	45	49			
17		3	80	52.75			
18		4	50	55			
19		1	45	58.75			
20	2015	2	60	58.75			
21		3	80	59.5			
22		4	53	—			
23	总平均				0.9985		

图 4-85　预测结果

由图 4-85 可知，2016 年第一季度的预测值是 44.9 万件，第二季度是 60.6 万件，第三季度是 83.6 万件，第四季度是 48.8 万件。

4.4　相关分析与回归分析

4.4.1　相关分析

相关分析是研究两个或两个以上变量之间相关程度及大小的一种统计方法，其目的是揭示现象之间是否存在相关关系，并确定相关关系的性质、方向和密切程度。

1．相关图

对两个变量进行相关分析，最常见的方法就是以这两个变量的值为坐标（x,y），在直角坐标系中绘制成散点图，此时的散点图亦称"相关图"，如图 4-86 所示。

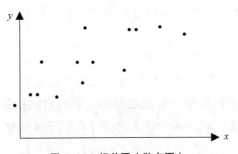

图 4-86　相关图（散点图）

利用相关图，可以直观、形象地表现变量之间的相互关系。

（1）散点分布大致呈一条直线，称二者线性相关，如图 4-87 所示。

（2）散点分布大致呈一条曲线，称二者曲线相关，如图 4-88 所示。

（3）散点分布杂乱无章，称二者不相关，如图 4-89 所示。

（4）当一个变量增加，另一个变量也呈增加的态势，称二者正相关，如图 4-87（a）所示。

（5）当一个变量增加，另一个变量反而呈减少的态势，则称二者负相关，如图 4-87（b）所示。

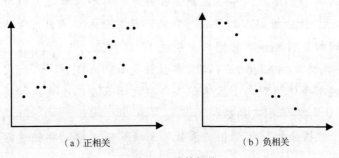

（a）正相关　　　　　　　　（b）负相关

图 4-87　线性相关

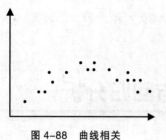

图 4-88　曲线相关 　　　　　　　　　　　　　图 4-89　不相关

2. 线性相关与相关系数

当两个变量线性相关时，用相关系数 r 表示两个变量 x 和 y 之间的相关方向和密切程度。

在数学上，相关系数 $r = \dfrac{\sigma_{xy}^2}{\sigma_x \sigma_y} = \dfrac{\Sigma(x-\bar{x})(y-\bar{y})}{\sqrt{\Sigma(x-\bar{x})^2(y-\bar{y})^2}}$

相关系数的取值范围为 $|r| \leqslant 1$。$|r|$ 越接近于 1，说明散点图上的点越集中在某一直线附近，两个变量之间的直线相关密切程度就越高；$|r|$ 越接近于 0，则直线相关密切程度就越低。

在实际应用中，利用相关系数来判断直线相关密切程度的一般标准为：

➢ 当 $|r|$=0 时，说明两个变量之间不存在直线相关关系；

➢ 当 $0<|r|\leqslant 0.3$ 时，认为两个变量之间存在微弱直线相关；

➢ 当 $0.3<|r|\leqslant 0.5$ 时，认为两个变量之间存在低度直线相关；

➢ 当 $0.5<|r|\leqslant 0.8$ 时，认为两个变量之间存在显著直线相关；

➢ 当 $0.8<|r|<1$ 时，认为两个变量之间存在高度直线相关；

➢ 当 $|r|$=1 时，说明两个变量之间存在完全直线相关关系，即成直线函数关系；

➢ 当相关系数 r 很小甚至为零时，只能说明变量之间不存在直线相关，而不能说明它们不存在相关关系。

3. 相关系数的计算

在 Excel 中，有两种常用方法可以计算相关系数，那就是 correl 函数和"数据分析"之"相关系数"。

（1）correl 函数

例 1：调查××小区超市的年销售额（百万元）与小区常住人口数（万人）的数据资料如图 4-90 所示，请分析超市的年销售额与小区常住人口数的相关关系。数据文件见工作簿"相关与回归分析.xlsx"的"相关系数 1"工作表。

解：在某个单元格中插入 correl 函数，参数设置如图 4-91 所示。结果为 0.890743202，所以，我们认为超市年销售额与小区常住人口数之间存在高度直线相关。

（2）"数据分析"之"相关系数"

例 2：利用"数据分析"之"相关系数"来计算例 1 中"年销售额"与"小区常住人口数"的相关系数。

	A	B	C
1	超市编号	超市年销售额（百万元）	小区人数（万人）
2	1	1200	23
3	2	1400	30
4	3	1100	18
5	4	1000	12
6	5	1300	22
7	6	700	8
8	7	900	15
9	8	1600	26
10	9	2000	31
11	10	1000	20

图 4-90　超市年销售额与小区人数

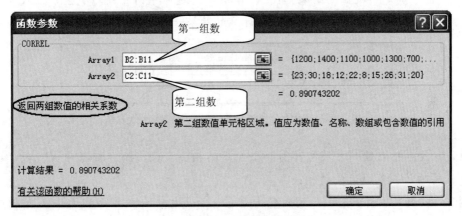

图 4-91　correl 函数参数设置

① 选择"数据"|"数据分析"命令。

② 在"数据分析"对话框中选择"相关系数"，如图 4-92 所示。

图 4-92　"数据分析"之"相关系数"

③ 在"相关系数"对话框中，设置要分析的数据区域为$B$1:$C$11，因为数据区域的第一行是标志，所以选中下面的"标志位于第一行"复选项，如图 4-93 所示。

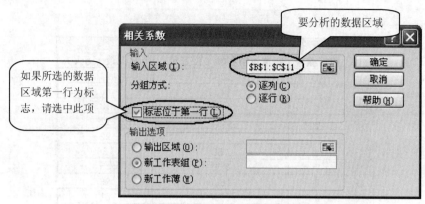

图 4-93 设置 "相关系数" 对话框

④ 单击 "确定" 按钮，结果如图 4-94 所示，超市年销售额与小区常住人口数的相关系数为 0.890743202，与用 correl 函数计算的结果一样。

	A	B	C
1		超市年销售额（百万元）	小区人数（万人）
2	超市年销售额（百万元）	1	
3	小区人数（万人）	0.890743202	1

图 4-94 超市年销售额与小区常住人口数的相关系数

但是，correl 函数一次只能计算两个变量的相关系数，而 "数据分析" 之 "相关系数" 可以同时计算多个变量的相关系数。

例3：调查××市多家大型超市的月售量（百万元）与超市面积大小（百平方米）、本月的促销费用（万元）、所在地理位置（1 表示市区一类地段用、2 表示市区二类地段用、3 表示市区三类地段）的数据如图 4-95 所示，请计算各变量之间的相关系数。数据文件为工作簿 "相关与回归分析.xlsx" 中 "相关系数 2" 工作表。

	A	B	C	D	E
1	\multicolumn{5}{c}{××市大型超市月销售情况调查表}
2	超市编号	销售额（百万元）	卖场面积(百平方米)	月促销费(万元)	地理位置
3	1	16.5	3	3	3
4	2	20	6	2	2
5	3	8.9	3	2	3
6	4	28	7	4	1
7	5	18	5	3.5	2
8	6	13.8	4	3	3
9	7	36	12	5	1
10	8	32	8	5	1
11	9	26.7	6	3	1
12	10	16	2	2	2

图 4-95 超市月销售额调查表

① 选择 "数据" | "数据分析" 命令。

② 在 "数据分析" 对话框中选择 "相关系数"。

③ 在"相关系数"对话框中，选择区域$B$2:$E$12，选中"标志位于第一行"复选项，输出位置为"新工作表组"，如图4-96所示。

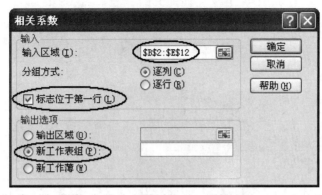

图4-96 设置"相关系数"对话框

④ 单击"确定"按钮，结果如图4-97所示。从图中可知，销售额与卖场面积的相关系数为0.904930972，销售额与月促销费的相关系数为0.835238859，销售额与地理位置的相关系数为-0.905479712，绝对值均大于0.8，均为高度直线相关。其中销售额与卖场面积、销售额与月促销费为正相关、销售额与地理位置为负相关。

从图4-97中还可以看出，卖场面积与月促销费的相关系数是0.811543068，绝对值也略大于0.8，说明月促销费和卖场面积也是高度直线相关的，因为卖场面积越大，规模就越大，促销的力度自然也就越大。

	A	B	C	D	E
1		销售额（百万元）	卖场面积(百平方米)	月促销费(万元)	地理位置
2	销售额（百万元）	1			
3	卖场面积(百平方米)	0.904930972	1		
4	月促销费(万元)	0.835238859	0.811543068	1	
5	地理位置	-0.905479712	-0.748112087	-0.64201743	1

图4-97 销售额、卖场面积、月促销费、地理位置相关系数表

4.4.2 回归分析

回归分析是确定两个或两个以上变量间相互依赖的定量关系的一种统计分析方法。回归分析按照涉及的变量多少，分为**一元**回归分析和**多元**回归分析；按照自变量和因变量之间的关系类型，可分为**线性**回归分析和**非线性**回归分析。

1. 最小二乘法原理

回归分析法的基本思路是：当数据分布在一条直线（或曲线）附近时，找出一条最佳的直线（或曲线）来模拟它。那么，怎样的直线（或曲线）最佳呢？

我们认为，当所有点到该直线的竖直距离的平方和 $\sum(y-y')^2$ 最小时，得到的直线（或曲线）最佳，如图4-98所示。这就是最小二乘法原理（二乘就是平方）。

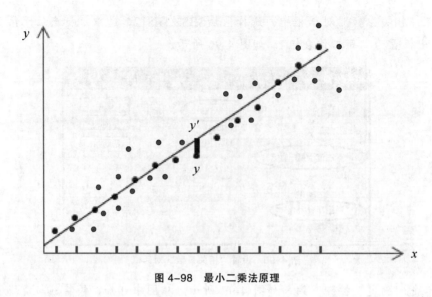

图 4-98 最小二乘法原理

归根结底，回归分析法就是根据最小二乘法原理，将变量之间的关系模拟成一个数学方程（也叫回归方程，或趋势线方程），以此来推断变量之间的关系的一种统计方法，所以回归分析法也叫数学模型法。

2. 决定系数

当变量之间的关系可以用一个数学模型来模拟时，我们用决定系数（R^2）判定数学模型拟合效果的好坏。

在数学上，决定系数 $R^2 = \dfrac{\Sigma(y-y')^2}{\Sigma(y-\overline{y})^2}$（$y$ 是实际值，y' 是模拟值）。

决定系数 R^2 越接近于 1，说明数学模型的模拟效果越好。

对于一元线性回归来说，$r^2 = R^2$。

3. 利用 Excel 回归分析工具进行回归分析

（1）一元线性回归

如果在回归分析中只包括一个因变量和一个自变量，且二者的关系可用函数 $y=kx+b$ 来模拟，这种回归分析称为一元线性回归分析。

例 1：对上一小节例 1 数据进行一元线性回归分析，并根据回归方程预测在某常住人口数为 10 万人的小区开一家生活超市的年销售额约为多少。数据文件为"相关与回归分析.xlsx"的"一元线性回归"工作表。

（1）找到"一元线性回归"工作表，选择"数据"|"数据分析"命令；

（2）在"数据分析"对话框中选择"回归"，如图 4-99 所示。

（3）在"回归"对话框中，设置因变量 y（年销售额）区域为 $B$1:$B$11；自变量 x（小区人数）区域为 $C$1:$C$11。因为这两个区域的第一个数据都是标志，所以还要选中下面的"标志"复选项，如图 4-100 所示。

图 4-99 "数据分析"之"回归"

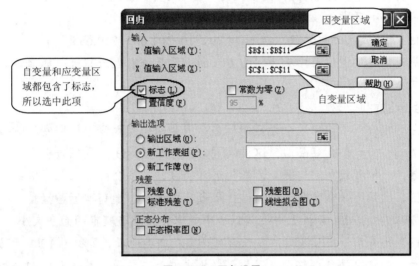

图 4-100 回归设置

（4）确定后，得到的回归结果如图 4-101 所示。

	A	B	C	D	E	F	G
1	SUMMARY OUTPUT						
2							
3	回归统计						
4	Multiple R	0.8907432					
5	R Square	0.7934235					
6	Adjusted R Squa	0.7676014					
7	标准误差	181.51848					
8	观测值	10					
9							
10	方差分析						
11		df	SS	MS		gnificance F	
12	回归分析	1	1012408.3	1012408	30.726564	0.0005453	
13	残差	8	263591.67	3294...95			
14	总计	9	1276000				
15							
16		Coefficient	标准误差	t Stat	P-value	Lower 95%	Upper 95%
17	Intercept	301.66501	175.53248	1.7205313	0.1236459	-102.6524	705.98243
18	小区人数（万人）	44.796829	8.0814682	5.5431547	0.0005453	26.16093	63.432728

图 4-101 回归结果

回归结果中第一组数据的前 3 个数据分别为：Multiple R（相关系数）、R Square（决定系数）、Adjusted R Square（校正决定系数），都用于反映模型的**拟合度**；第 4 个数据是标准误差，反映拟合平均数对实际平均数的**变异程度**；第 5 个数据为观测值（数据的个数）。

第三组数据的第 1 个数据（301.665）是回归直线的**截距 *b***，第 2 个数据（44.797）也叫**回归系数**，其实就是回归直线的**斜率 *k***。

（5）所以，回归直线的方程为 $y=44.797x+301.665$。

该模型的决定系数为 0.793，比较接近于 1，说明用直线"$y=44.797x+301.665$"模拟超市年销售额与小区常住人口数的关系效果较好。

（6）把 $x=10$ 代入回归方程，得 $y=44.797×10+301.665=749.635$（百万元）。

也就是说，在某常住人口数为 10 万人的小区开一家生活超市，那么该超市的年销售额约为 749.635（百万元）。

（2）多元线性回归

如果在回归分析中包括一个因变量和多个自变量，且因变量和自变量的关系可用函数 $y=k_1x_1+k_2x_2+\cdots+k_nx_n+b$ 来模拟，这种回归分析称为多元线性回归分析。

事实上，一种现象常常与多个因素相关，所以，由多个自变量的最优组合来估计和预测因变量，比只用一个自变量进行估计和预测更有效、更有实际意义。

例 2：用回归分析法分析上一小节例 3 中超市的销量与超市的面积大小、促销费用、所在地理位置的关系，并根据回归方程预测一家在二类地段、面积为 1000 平方米、月促销费 5 万元的超市月销售额将会是多少。数据文件为工作簿"相关与回归分析.xlsx"中"多元线性回归"工作表。

（1）选择"数据"|"数据分析"命令，打开"数据分析"对话框。

（2）在"数据分析"对话框中选择"回归"。

（3）在"回归"对话框中，设置因变量 y 值区域为 \$B\$2:\$B\$12；自变量 x 值区域为 \$C\$2:\$E\$12，并选中下面的"标志"复选项，如图 4-102 所示。

图 4-102　回归设置

（4）确定后，得到的回归结果如图 4-103 所示。

根据图 4-103 的回归结果可知，回归直线的方程为 $y=19.452+0.979x_1+1.865x_2-4.95x_3$（$x_1$是卖场面积、$x_2$是促销费用、$x_3$是地理位置）。

	A	B	C	D	E	F	G
1	SUMMARY OUTPUT						
2							
3		回归统计					
4	Multiple R	0.9786127					
5	R Square	0.9576829					
6	Adjusted R Squar	0.9365243					
7	标准误差	2.1859489					
8	观测值	10					
9							
10	方差分析						
11		df	SS	MS	F	gnificance F	
12	回归分析	3	648.83876	216.27959	45.262185	0.0001631	
13	残差	6	28.670236	4.7783727			
14	总计	9	677.509				
15							
16		Coefficient	标准误差	t Stat	P-value	Lower 95%	Upper 95%
17	Intercept	19.45209	4.6860442	4.1510685	0.0060039	7.9857532	30.918427
18	卖场面积(平方米)	0.9786765	0.4901725	1.9965964	0.0928633	-0.220732	2.1780853
19	月促销费(万元)	1.8653514	1.1017395	1.6930965	0.1413805	-0.830508	4.5612109
20	地理位置	-4.950037	1.2591949	-3.931113	0.0077029	-8.031176	-1.868898

图 4-103　回归结果

如果某超市在二类地段（$x_3=2$）、面积为 1000 平方米（$x_1=10$）、月促销费 5 万元（$x_2=5$），则该超市的月销售额预计达到 $y=19.452+0.979×10+1.865×5-4.95×2=28.667$（百万元）。

89

4. 利用 Excel 散点图和趋势线进行回归分析

因为回归分析的结果过于复杂和专业，对于初学者，我们还是建议大家用"先插入散点图，再添加趋势线"的方法求趋势线方程、相关系数和决定系数，最后根据决定系数的大小判定模拟效果的好坏，并根据趋势线方程做数据预测。

例 3：利用散点图求上一小节例 1 中"超市年销售额"和"小区人数"的回归方程，"超市年销售额"为因变量 y，"小区人数"为自变量 x。数据文件为工作簿"相关与回归分析.xlsx"中的"直线模型"工作表。

（1）**插入散点图**。找到"直线模型"工作表，选择单元格区域 B1:C11，单击"插入"|"散点图"|"仅带数据标记的散点图"按钮，得到图 4-104 所示的散点图。

从图 4-104 可以看出，散点呈直线分布，所以考虑用一条直线方程来模拟数据的分布规律。但是该散点图的横坐标数据是"年销售额"，纵坐标数据是"小区人数"，相当于自变量是"年销售额"，因变量是"小区人数"，这与题目要求和实际情况不符，所以，先要更改一下数据。更改数据的操作如下。

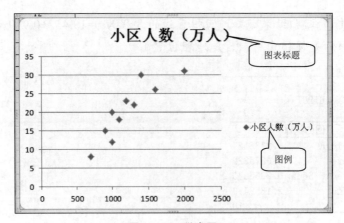

图 4-104 散点图

① 选择 "设计" | "选择数据" 命令，打开 "选择数据源" 对话框。

② 单击 "选择数据源" 对话框左边的 "编辑" 按钮，如图 4-105 所示。

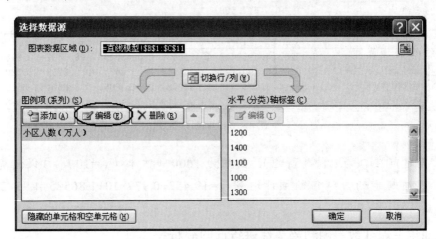

图 4-105 编辑数据源

③ 参照图 4-106 所示，修改系列名称、x 轴系列值、y 轴系列值。

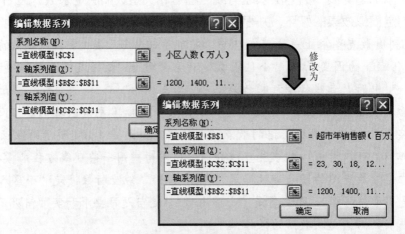

图 4-106 修改数据系列

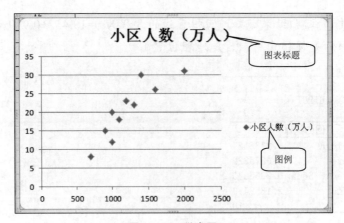

④ 修改后的散点图如图 4-107 所示。

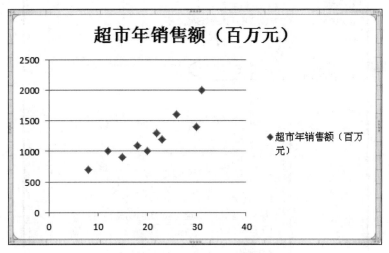

图 4-107　修改后的散点图

（2）**添加趋势线**。在某数据点上单击鼠标右键，选择"添加趋势线"命令，如图 4-108 所示。

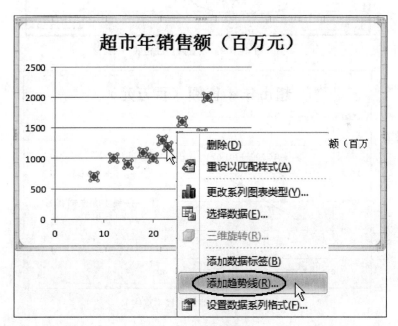

图 4-108　添加趋势线

（3）在"设置趋势线格式"对话框中，选中"线性"单选项及"显示公式"和"显示 R 平方值"复选项，如图 4-109 所示。

（4）得到的趋势线方程为 $y=44.797x+301.67$，决定系数 $R^2=0.7934$，如图 4-110 所示。这和用回归分析得到的回归方程是一样的。

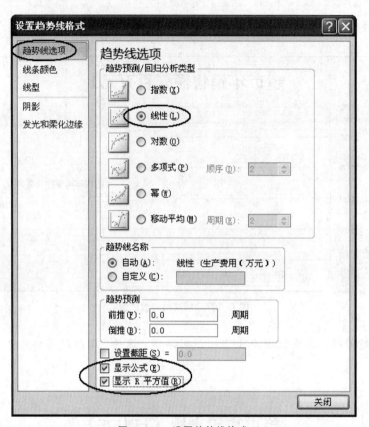

图 4-109　设置趋势线格式

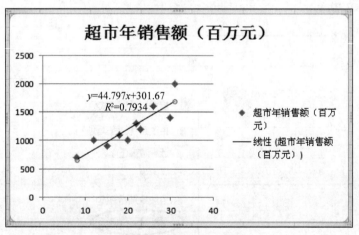

图 4-110　趋势线方程（直线）

　　在现实生活中，有大量的社会经济现象是非线性发展的，此时数据点分布在一条曲线附近。曲线类型很多，主要有指数曲线、抛物线、对数曲线等。

　　例 4：将例 3 中的直线模型改成指数模型，操作如下。

　　（1）在趋势线上右击鼠标，选择"设置趋势线格式"命令。

　　（2）将趋势线类型改成"指数"，如图 4-111 所示。

图 4-111　修改趋势线类型

（3）结果如图 4-112 所示，该指数模型为 $y=547.47e^{0.0371x}$。

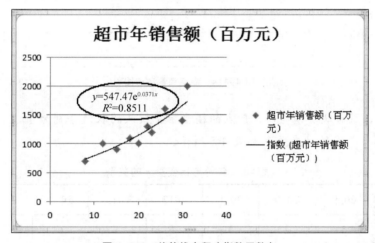

图 4-112　趋势线方程（指数函数）

（4）在 Excel 的某个单元格中输入公式 "=547.47*exp(0.0371*10)"，得到预测值为 793.3843（百万元），和用直线模型预测的值 749.635（百万元）稍有差距。

因为指数模型的决定系数 $R^2=0.8511$，大于直线模型的决定系数 0.7934，所以我们认为指数模型的拟合效果较直线模型更佳，自然预测值的可靠性也更强。

例 5：已知 2009—2015 年淘宝"双 11"当天销量统计如图 4-113 所示，请利用散点图模拟淘宝"双 11"的销量变化规律，并预测 2016 年的销量。数据文件为"相关与回归分析.xlsx"的"抛物线模型"工作表。

▲	A	B	C	D	E	F	G	H
1	2009-2015年淘宝双11销量统计							
2	年份	2009	2010	2011	2012	2013	2014	2015
3	销量（亿元）	0.5	9.36	33.6	191	350.19	571	912

图 4-113　淘宝"双 11"历年销量

（1）打开文件"相关与回归分析.xlsx"，找到"抛物线模型"工作表。

（2）考虑到自变量"年份"值太大，故仅选择单元格区域 A3:H3，再单击"插入"|"散点图"按钮，结果如图 4-114 所示。

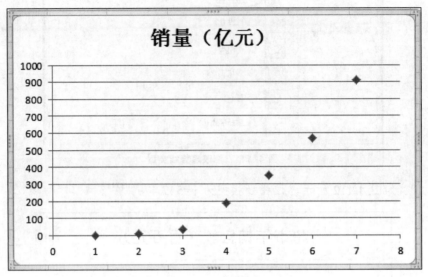

图 4-114 淘宝销量散点图

（3）这时，因为缺少横坐标，散点的横坐标 x 默认的取值分别为 1、2、3、4、……。所以，横坐标与年份的对应关系如表 4-5 所示。

表 4-5 年份与自变量 x 的关系

年份	2009	2010	2011	2012	2013	2014	2015	……
自变量 x	1	2	3	4	5	6	7	……

（4）从图 4-114 可以看出，散点图接近抛物线（抛物线的一半），宜拟合成二次函数 $y=ax^2+bx+c$（二次多项式）。所以在添加趋势线时，趋势线格式设置如图 4-115 所示。

（5）得到趋势线方程：$y=31.513x^2-103.20x+77.201$，如图 4-116 所示。决定系数 $R^2=0.9977$，非常接近于 1，说明拟合效果非常好。

（6）在某个单元格中输入公式"31.513*8^2-103.02*8+77.201"，得到 2016 年的预测值为 1269.87（亿元）。

利用回归分析工具进行线性回归的优缺点如下。

① 优点：可以进行一元线性回归，也可以进行多元线性回归。

② 缺点：只能进行线性回归，不能直接进行非线性回归。

利用散点图和趋势线进行回归分析的优缺点如下。

① 优点：不仅能进行线性回归，还能进行非线性回归。

② 缺点：只能进行一元回归，不能进行多元回归。

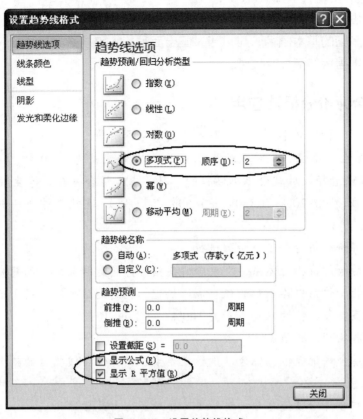

图 4-115　设置趋势线格式

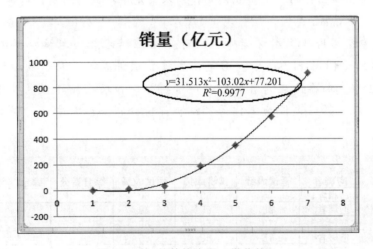

图 4-116　趋势线方程（抛物线）

4.5　综合评价分析法

综合评价分析法是指运用多个指标对多个参评对象进行综合评价的方法。综合评价分析法的基本思想是将多个指标转化为一个能够反映综合情况的指标来进行分析评价。例如，要说明我国的基本国情，可以通过国土面积、人口总数、国内生产总值、人均国民收入、森林覆盖率等指标来完成。

4.5.1　综合评价分析法应用

在日常的工作和生活中，我们经常会用到综合评价分析法。

例1：某学生某课程的平时成绩为 90 分，期中考试成绩为 70 分，期末考试成绩为 80 分，那么任课老师最后就会根据学校的一贯要求，综合考虑该学生的这 3 个成绩，给出一个总评成绩 90×20%+70×30%+80×50%=79（分），这就是综合评价分析法的具体应用。

进行综合评价分析时分 5 个步骤进行。

（1）确定综合评价指标体系，即包含哪些指标，它是综合评价的基础和依据。

（2）确定指标体系中各指标的权重 m。权重体现的是这个指标的重要性，重要的指标权重必然就高，各指标的权重之和为 100%，即 $\Sigma m=100\%$。

（3）收集各指标的数值 x。

（4）计算综合评价数值。综合评价数值等于各指标值与该指标的权重乘积之和，即 Σxm。

（5）根据综合评价数值对参评对象进行排序，得出最后结论。

事实上，当各项指标的权重都相同时，结果就是平均数。所以，计算平均数是综合评价法的一种特殊情况。

例2：某学校招聘 3 名数学老师，现有 7 名应聘者经过笔试、试讲、面试 3 个环节，考核成绩如图 4-117 所示。若笔试成绩、试讲成绩、面试成绩的权重分别为 40%、35%、25%。求各位应聘者的综合评价得分，并求各应聘者的综合排名，根据排名录取前 3 名。数据文件为工作簿"综合评价分析.xlsx"中的"综合评价 1"工作表。

⊿	A	B	C	D	E	F
1	应聘者	笔试成绩	试讲成绩	面试成绩	综合得分	综合排名
2	应聘者1	75	60	80		
3	应聘者2	90	65	70		
4	应聘者3	70	50	60		
5	应聘者4	75	60	85		
6	应聘者5	82	90	70		
7	应聘者6	60	70	85		
8	应聘者7	95	50	80		

图 4-117　应聘者考核成绩

解：

（1）计算应聘者 1 的综合得分：E2=B2*40%+C2*35%+D2*25%。

（2）计算其余应聘者的得分：双击 E2 的填充柄。

（3）计算应聘者 1 的综合排名：F2=rank.eq(E2,E:E)。

（4）计算其余应聘者的排名：双击 F2 的填充柄。

结果如图 4-118 所示，根据结果可知录取的名单为：应聘者 5、应聘者 2、应聘者 7。

	A	B	C	D	E	F
1	应聘者	笔试成绩	试讲成绩	面试成绩	综合得分	综合排名
2	应聘者1	75	60	80	71	5
3	应聘者2	90	65	70	76.25	2
4	应聘者3	70	50	60	60.5	7
5	应聘者4	75	60	85	72.25	4
6	应聘者5	82	90	70	81.8	1
7	应聘者6	60	70	85	69.75	6
8	应聘者7	95	50	80	75.5	3

图 4-118　计算综合得分和综合排名

例 3：在 4.2 例 3 中，我们曾经学习过如何计算高级程序员张三的各项素养的平均得分。现在已知该 IT 企业所有高级程序员的各项素养平均得分如图 4-119 所示，请用综合评价分析法计算各程序员的综合得分（各项目的权重分别为 15%、5%、20%、10%、20%、10%、5%、10%、5%），并根据综合得分进行排序。数据文件为工作簿"综合评价分析.xlsx"中的"综合评价 2"工作表。

	A	B	C	D	E	F	G	H	I	J	K	L
1	测评项目 权重 被测人员　得分	团队意识与协作	文档处理与测试	规范化代码编写	需求理解与分析	模块化思维	学习与总结	项目设计与流程处理	整体项目评估	团队组织与管理	综合得分	综合排名
2		15%	5%	20%	10%	20%	10%	5%	10%	5%		
3	张三	81.9	80.1	81.25	78.7	76.35	78.05	79.5	78.9	84.45		
4	李四	70	80	90	95	85	75	75	86	90		

图 4-119　所有高级程序员的各项素养平均得分

解：

（1）计算张三的综合得分：K3=sumproduct(B3:J3,$B$2:$J$2)，结果为 79.5725。

（2）计算其余程序员的综合得分：双击 K3 的填充柄。

（3）计算张三的综合排名：L3=rank.eq(K3,K:K)。

（4）计算其余程序员的综合排名：双击 L3 的填充柄。

4.5.2　权重的确定

在应用综合评价分析法中，为了保证评价的科学性，权重的确定必须合理。一般来说，权重的确定可以由专家直接指定，也就是说权重是给定的，如上述例 1、例 2、例 3。

如果权重没有给定，可以取某一相关指标所占的比重作为权重。

例1：某餐饮店本月拟对店内所有的菜品（50个）进行价格调整，部分数据的截图如图 4-120 所示，请运用综合评价法对该餐饮店的价格与上月相比的变化做综合分析。数据文件为工作簿"综合评价分析.xlsx"中的"综合评价3"工作表。

	A	B	C	D
1	菜品编号	原价	现价	上月销量
2	HY001	60	62	288
3	HY002	30	33	248
4	HY003	80	90	145
5	HY004	70	75	190
6	HY005	38	40	174
7	HY006	20	21	190
8	HY007	26	30	230
9	HY008	40	45	279
10	HY009	48	50	304
11	HY010	66	70	275

图 4-120　部分菜价调整情况

解：首先可以分析一下每个菜品的价格变化情况，方法是用现价除以原价，得到每个菜的价格涨幅。具体操作为：在 E2 单元格中使用公式"=C2/B2"，设置为"百分数"形式后双击其填充柄完成填充，如图 4-121 所示。

E2			f_x	=C2/B2	
	A	B	C	D	E	F
1	菜品编号	原价	现价	上月销量	涨幅	
2	HY001	60	62	288	103%	
3	HY002	30	33	248	110%	
4	HY003	80	90	145	113%	
5	HY004	70	75	190	107%	
6	HY005	38	40	174	105%	
7	HY006	20	21	190	105%	
8	HY007	26	30	230	115%	
9	HY008	40	45	279	113%	
10	HY009	48	50	304	104%	
11	HY010	66	70	275	106%	

图 4-121　价格涨幅

经过简单排序或计算，不难发现：所有菜价都在上涨，最低涨幅为 103%，最高涨幅为 145%，平均涨幅为 116%。

这时，我们就想找这么一个指标，能综合表示所有菜品的整体涨幅。用什么呢？可以用每个菜涨幅的算术平均数 116% 吗？

因为每个菜的销量和原价不一样，给消费者带来的影响是不同的，所以用平均涨幅来衡量整体涨幅是不准确的。考虑的结果是，将每个菜销售额的占比作为权重来综合分析菜价涨幅。

所以，在 Excel 表上增加两个字段，一个是每个菜的"上月销售额"，另一个是每个菜的"销售额占比"（作为综合分析的权重值）。

（1）上月销售额=原价×上月销量（在 F2 中使用公式"=B2*D2"，并双击其填充柄进行填充）。

（2）销售额占比=每个菜上月销售额/所有菜上月销售额之和，公式的使用如图 4-122 所示。

	A	B	C	D	E	F	G
	菜品编号	原价	现价	上月销量	涨幅	上月销售额（元）	销售额占比（权重）
2	HY001	60	62	288	103%	17280	4.5%
3	HY002	30	33	248	110%	7440	1.9%
4	HY003	80	90	145	113%	11600	3.0%
5	HY004	70	75	190	107%	13300	3.4%
6	HY005	38	40	174	105%	6612	1.7%
7	HY006	20	21	190	105%	3800	1.0%
8	HY007	26	30	230	115%	5980	1.6%
9	HY008	40	45	279	113%	11160	2.9%
10	HY009	48	50	304	104%	14592	3.8%
11	HY010	66	70	275	106%	18150	4.7%

G2 栏　=F2/SUM($F:$F)

图 4-122　销售额占比（权重）计算

（3）在某个单元格中使用公式"=sumproduct(E:E,G:G)"计算 E 列和 G 列对应数据乘积之和，结果为 112%，如图 4-123 所示。

所以，该餐饮店菜价的综合涨幅为 112%。

I1 栏　=SUMPRODUCT(E:E,G:G)

	A	B	C	D	E	F	G	H	I
1	菜品编号	原价	现价	上月销量	涨幅	上月销售额（元）	销售额占比（权重）	综合涨幅	112%
2	HY001	60	62	288	103%	17280	4.5%		
3	HY002	30	33	248	110%	7440	1.9%		
4	HY003	80	90	145	113%	11600	3.0%		

图 4-123　综合涨幅

但是，也并不是所有内容都能找到合适的相关指标值作为计算权重的依据。下面再介绍一种权重的确定方法——目标优化矩阵法。

目标优化矩阵的原理就是把人脑的模糊思维简化为计算机的 1/0 模式逻辑思维，最后得出量化的结果。这种方法不仅量化准确，而且简单、方便、快捷。

目标优化矩阵表计算权重的操作分成三大步骤：

第一步，将所有项目作为行标题和列标题填入矩阵表，如图 4-124 所示；

	项目1	项目2	项目3	项目4	项目5
项目1					
项目2					
项目3					
项目4					
项目5					

图 4-124　目标优化矩阵表（一）

第二步，将纵轴上的项目依次与横轴上的项目对比，如果认为纵轴上的项目（左边）比横轴上的项目（顶部）重要，那么在两个项目相交的格子中输入"1"，否则输入"0"，如图 4-125 所示；

	项目1	项目2	项目3	项目4	项目5
项目1		0	1	0	0
项目2	1		1	1	0
项目3	0	0		1	0
项目4	1	0	0		1
项目5	1	1	1	0	

图 4-125　目标优化矩阵表（二）

第三步，将每行数字相加，根据合计的数值计算每个项目的权重，如图 4-126 所示。

	项目1	项目2	项目3	项目4	项目5	合计	权重
项目1		0	1	0	0	1	10%
项目2	1		1	1	0	3	30%
项目3	0	0		1	0	1	10%
项目4	1	0	0		1	2	20%
项目5	1	1	1	0		3	30%

图 4-126　目标优化矩阵表（三）

有时可能出现某个项目的合计值为 0，如果直接计算权重的话就得到 0%，这就不合理了，解决的办法就是给每个项目的合计值加 1，再计算权重，如图 4-127 所示。

	项目1	项目2	项目3	项目4	项目5	合计	合计+1	权重
项目1		0	1	0	0	1	2	13%
项目2	1		1	1	0	3	4	27%
项目3	0	0		0	0	0	1	7%
项目4	1	0	1		1	3	4	27%
项目5	1	1	1	0		3	4	27%

图 4-127　目标优化矩阵表（四）

通常情况下，权重的确定不是一个人说了算，可以邀请多个专家进行，每个专家算出的权重肯定相同。所以，最后还要将每个专家的结果求平均值，作为最终的结果。

例 2：利用目标优化矩阵表来确定上一小节例 3 中高级程序员 9 种素质的权重。

（1）打开 Excel，将 9 种素质依次填入矩阵表的第 1 行及 A 列，如图 4-128 所示。

	A	B	C	D	E	F	G	H	I	J
1		团队意识与协作	文档处理与测试	规范化代码编写	需求理解与分析	模块化思维	学习与总结	项目设计与流程处理	整体项目评估	团队组织与管理
2	团队意识与协作									
3	文档处理与测试									
4	规范化代码编写									
5	需求理解与分析									
6	模块化思维									
7	学习与总结									
8	项目设计与流程处理									
9	整体项目评估									
10	团队组织与管理									

图 4-128　目标优化矩阵表（一）

（2）将纵轴的项目“团队意识与协作”与横轴的项目“文档处理与测试”“规范化代码编写”“需求理解与分析”“模块化思维”“学习与总结”“项目设计与流程处理”“整体项目评估”“团队组织与管理”逐一进行对比。如果纵轴的项目比横轴上的重要，就在交叉单元格输入数字“1”，反之是则输入“0”，结果如图 4-129 所示。

	A	B	C	D	E	F	G	H	I	J
1		团队意识与协作	文档处理与测试	规范化代码编写	需求理解与分析	模块化思维	学习与总结	项目设计与流程处理	整体项目评估	团队组织与管理
2	团队意识与协作		0	0	1	0	1	1	1	1
3	文档处理与测试									
4	规范化代码编写									
5	需求理解与分析									
6	模块化思维									
7	学习与总结									
8	项目设计与流程处理									
9	整体项目评估									
10	团队组织与管理									

图 4-129　目标优化矩阵表（二）

（3）根据相反性原则，在 B 列中输入与第 2 行数据相反的数字（0 变 1，1 变 0），如图 4-130 所示。

	A	B 团队意识与协作	C 文档处理与测试	D 规范化代码编写	E 需求理解与分析	F 模块化思维	G 学习与总结	H 项目设计与流程处理	I 整体项目评估	J 团队组织与管理
2	团队意识与协作		0	0	1	0	1	1	1	1
3	文档处理与测试	1								
4	规范化代码编写	1								
5	需求理解与分析	0								
6	模块化思维	1								
7	学习与总结	0								
8	项目设计与流程处理	0								
9	整体项目评估	0								
10	团队组织与管理	0								

图 4-130　目标优化矩阵表（三）

（4）依次类推，完成所有单元格数据的录入，结果如图 4-131 所示。

	A	B 团队意识与协作	C 文档处理与测试	D 规范化代码编写	E 需求理解与分析	F 模块化思维	G 学习与总结	H 项目设计与流程处理	I 整体项目评估	J 团队组织与管理
2	团队意识与协作		0	0	1	0	1	1	1	1
3	文档处理与测试	1		0	0	0	0	1	0	0
4	规范化代码编写	1	1		0	0	0	1	0	0
5	需求理解与分析	0	1	0		0	0	1	0	0
6	模块化思维	1	1	1	1		1	1	1	1
7	学习与总结	0	1	0	1	0		1	0	0
8	项目设计与流程处理	0	0	0	0	0	0		0	1
9	整体项目评估	0	1	0	1	0	1	1		0
10	团队组织与管理	0	1	0	0	0	0	0	1	

图 4-131　目标优化矩阵表（四）

（5）在单元格 K2 中计算每个项目的得分，公式为“=sum(B2:J2)”，并双击 K2 的填充柄完成填充。

（6）在单元格 L2 中计算每个项目的权重，公式为“=K2/sum($K$2:$K$10)”，将 L2 设置为百分数、小数位数为 0。然后双击 L2 的填充柄完成填充，结果如图 4-132 所示。

L2 fx =K2/SUM($K$2:$K$10)

=SUM(B2:J2)

	A	E	F	G	H	I	J	K	L
1		需求理解与分析	模块化思维	学习与总结	项目设计与流程处理	整体项目评估	团队组织与管理	合计	权重
2	团队意识与协作	1	0	1	1	1	1	5	14%
3	文档处理与测试	0	0	0	1		0	2	6%
4	规范化代码编写	1	0	1	1	1	1	7	19%
5	需求理解与分析		0	0	1	0	1	3	8%
6	模块化思维	1		1	1	1	1	8	22%
7	学习与总结	1	0		1	0	1	4	11%
8	项目设计与流程处理	0	0	0		0	1	1	3%
9	整体项目评估	1	0	1	1		0	4	11%
10	团队组织与管理	0	0	0	0	1		2	6%

图 4-132　目标优化矩阵表（五）

目标优化矩阵的用途非常广泛，它不但可以用于计算权重，还可以用于任何项目的排序，如重要性排序、满意度排序、喜爱度排序。

例如 100 位大众评审团对 6 个作品进行喜爱度排序，就可以利用目标优化矩阵法原理进行操作。

（1）将 6 个作品依次填入矩阵表的第 1 行及 A 列，如图 4-133 所示。

	A	B	C	D	E	F	G
1		作品1	作品2	作品3	作品4	作品5	作品6
2	作品1						
3	作品2						
4	作品3						
5	作品4						
6	作品5						
7	作品6						

图 4-133　设计目标优化矩阵表

（2）将作品 1 与作品 2 比较，认为作品 1 比作品 2 更喜爱的得票数填入 C2 单元格中，认为作品 2 比作品 1 更喜爱的得票数填入 B3 中。因为评审团一共 100 人，所以 C2 与 B3 数据之和理应等于 100，如图 4-134 所示。

	A	B	C	D	E	F	G
1		作品1	作品2	作品3	作品4	作品5	作品6
2	作品1		30				
3	作品2	70					
4	作品3						
5	作品4						
6	作品5						
7	作品6						

图 4-134　作品 1 与作品 2 比较

（3）依次统计所有作品的满意度票数。

（4）用 sum 函数统计所有作品的票数之和，用 rank.eq 函数统计票数排序，如图 4-135 所示。

	A	B	C	D	E	F	G	H	I
1		作品1	作品2	作品3	作品4	作品5	作品6	总票数	排名
2	作品1		30	10	22	48	60	=SUM(B2:G2)	=RANK.EQ(H2,H:H)
3	作品2	70						=SUM(B3:G3)	=RANK.EQ(H3,H:H)
4	作品3	90						=SUM(B4:G4)	=RANK.EQ(H4,H:H)
5	作品4	78						=SUM(B5:G5)	=RANK.EQ(H5,H:H)
6	作品5	52						=SUM(B6:G6)	=RANK.EQ(H6,H:H)
7	作品6	40						=SUM(B7:G7)	=RANK.EQ(H7,H:H)

图 4-135　统计作品 1 的票数和排名

4.5.3　数据的标准化处理

如果指标数值的性质和单位都一致，可以直接加权求和计算综合值。但很多时候，我们处理的数据性质或单位不一致，这时就要将数据进行标准化处理。

比如，如果 4.5.1 节的例 1 中的平时成绩和期中考试成绩是百分制的（即满分为 100 分），而期末考试成绩是 150 分制的，这时必须先将期末考试的成绩转化为百分制，这个过程就是数据的标准化处理过程，再利用经过标准化处理后的数据计算综合得分。

分析：期末成绩标准化处理的计算公式为$=\dfrac{100x}{150}$。

当我们处理的数据性质或单位不一致时，就要将数据进行标准化处理，去除数据的单位限制，将其转化为无量纲的纯数值，便于不同单位或量级的指标能够进行比较和加权。标准化处理最典型的就是 0-1 标准法和 Z 标准法。在此介绍 0-1 标准化法。

0-1 标准化也叫离差标准化，是对原始数据进行线性变换，使结果落到[0，1]区间。做 0-1 标准化时，对一列数据中某一个数据标准化的公式为：

标准化值$=\dfrac{\text{原始值-最小值}}{\text{最大值-最小值}}$，标准化处理使用的公式和效果如图 4-136 所示。

	A	B	C	D	E	F
B2			f_x =(A2-MIN(A:A))/(MAX(A:A)-MIN(A:A))			
1	原始值	0-1标准化值				
2	38336	0.133				
3	35103	0.076				
4	41529	0.190				
5	44967	0.251				
6	49935	0.339				
7	56192	0.449				
8	30795	0.000				
9	33986	0.056				
10	87302	1.000				
11	47597	0.297				
12	49594	0.333				

图 4-136 数据 0-1 标准化处理

例：某房地产商对 13 名销售人员的销售能力做综合评价（原始数据见图 4-137），根据专家意见，评价从"咨询人数""成交量""总业绩"3 个方面进行综合考量，权重分别为 10%、30%、60%。请用综合评价分析法对 13 名销售员的销售能力进行综合评价。数据文件为工作簿"综合评价分析.xlsx"中的"销售能力"工作表。

	A	B	C	D
1	原始数据：			
2	销售员	咨询人数	成交量（套）	总业绩（万元）
3	张三	400	58	928
4	李四	300	48	720
5	王二	280	45	756
6	杨鑫	200	40	600
7	张慧	250	65	680
8	郑福	320	70	860
9	郑胜	400	40	820
10	胡锋	500	65	580
11	周冰	300	45	480
12	邹林	280	50	468
13	张静	320	60	640
14	程斌	380	45	610
15	曹金	350	55	690

图 4-137 原始数据

分析：在计算某销售员的销售能力综合得分时，如果直接用原始数据去加权求和的话，由于"咨询人数"量比较大，就会放大该项目在评价销售员的销售能力时所起的作用，这是不太合理的，所以必须对所有数据进行标准化处理，操作如下。

（1）打开文件"综合评价分析.xlsx"，找到"销售能力"工作表，在单元格 E3 中使用公式"=(B3-min(B:B))/(max(B:B)-min(B:B))"对 B3 的数据进行标准化处理，如图 4-138 所示。

	A	B	C	D	E	F	G
	E3	▼	f_x	=(B3-MIN(B:B))/(MAX(B:B)-MIN(B:B))			
1		原始数据：			0-1标准化数值：		
2	销售员	咨询人数	成交量（套）	总业绩（万元）	咨询人数	成交量	总业绩
3	张三	400	58	928	0.67		
4	李四	300	48	720			
5	王二	280	45	756			
6	杨鑫	200	40	600			
7	张慧	250	65	680			
8	郑福	320	70	860			
9	郑胜	400	40	820			
10	胡锋	500	65	580			
11	周冰	300	45	480			
12	邹林	280	50	468			
13	张静	320	60	640			
14	程斌	380	45	610			
15	曹金	350	55	690			

图 4-138　对"咨询人数"做标准化处理

（2）将 E3 的填充柄拖到 E15，再将 E3:E15 的填充柄拖到 G15，完成所有数据的标准化处理。

（3）在单元格 H3 中使用公式"=E3*10%+F3*30%+G3*60%"计算张三的综合得分，双击 H3 的填充柄完成填充，结果如图 4-139 所示。

（4）在单元格 I3 中使用公式"=rank(H3,H:H)"计算张三的名次，双击 I3 的填充柄完成填充，结果如图 4-139 所示。

	A	E	F	G	H	I	J	K
	H3	▼	f_x	=E3*10%+F3*30%+G3*60%				
1		0-1标准化数值：					=RANK(H3,H:H)	
2	销售员	咨询人数	成交量	总业绩	综合得分	名次		
3	张三	0.67	0.60	1.00	0.847	2		
4	李四	0.33	0.27	0.55	0.442	9		
5	王二	0.27	0.17	0.63	0.452	8		
6	杨鑫	0.00	0.00	0.29	0.172	11		
7	张慧	0.17	0.83	0.46	0.543	3		
8	郑福	0.40	1.00	0.85	0.851	1		
9	郑胜	0.67	0.00	0.77	0.526	4		
10	胡锋	1.00	0.83	0.24	0.496	5		
11	周冰	0.33	0.17	0.03	0.099	13		
12	邹林	0.27	0.33	0.00	0.127	12		
13	张静	0.40	0.67	0.37	0.464	7		
14	程斌	0.60	0.17	0.31	0.295	10		
15	曹金	0.50	0.50	0.48	0.490	6		

图 4-139　最后结果

从图 4-138 的总业绩来看，张三排名第一，郑福排名第二，但从图 4-139 可知，综合得分最高的却是郑福，这是因为综合得分的计算综合考虑了总业绩、成交量、咨询人数 3 个方面的工作。

拓展：股票价格指数

股票价格指数是描述股票市场总的价格水平变化的指标。编制股票价格指数，通常以某年某月为基础（基期），用以后各时期（报告期）的股票价格和基期价格进行比较，计算出升降的百分比就是该时期的股票指数。

为了简化表述，我们假设股市里只有 3 支股票 A、B、C（见表 4-6），分析当前的股票价格指数。数据文件为工作簿"综合评价分析.xlsx"中的"股价指数"工作表。

表 4-6　股价资料

股票名称	基期价格 p_0	报告期价格 p_1	发行量（万股）q
A	1.5	30.5	450
B	2.5	48.9	7800
C	2.2	19.7	3600

方法一：股票价格指数=各股票涨幅的算术平均数

先计算各股票的涨幅（动态数列的发展速度），再求其平均值。

即，股票价格指数=$\dfrac{\frac{30.5}{1.5}+\frac{48.9}{2.5}+\frac{19.7}{2.2}}{3}$=16.283。

世界上最早的道·琼斯指数就是用这种方法计算的。

方法二：股票价格指数=$\dfrac{\text{报告期的股价之和}}{\text{基期的股价之和}}$

即，股票价格指数=$\dfrac{30.5+48.9+19.7}{1.5+2.5+2.2}$=15.984。

这两种方法都未考虑到由各支股票的发行量和交易量的不相同，而对整个股市股价的影响不一样等因素，因此，计算出来的指数不够准确。

为使股票指数计算得更精确，我们先用综合评价分析法计算报告期和基期的**综合股价**，计算时用各股票**发行量占比**作为其权重。

报告期的综合股价=$30.5\times\dfrac{450}{450+7800+3600}+48.9\times\dfrac{7800}{450+7800+3600}+19.7\times\dfrac{450}{450+7800+3600}$

=39.33

基期的综合股价=$1.5\times\dfrac{450}{450+7800+3600}+2.5\times\dfrac{7800}{450+7800+3600}+2.2\times\dfrac{450}{450+7800+3600}$

=2.37

再将报告期的综合股价除以基期的综合股价，即为股票价格指数，

即，$\dfrac{39.33}{2.37}=16.59$。

从简化的过程看，计算权重式子中的分母（450+7800+3600）最终可以约分去除：

$$=\dfrac{30.5\times\dfrac{450}{450+7800+3600}+48.9\times\dfrac{7800}{450+7800+3600}+19.7\times\dfrac{450}{450+7800+3600}}{1.5\times\dfrac{450}{450+7800+3600}+2.5\times\dfrac{7800}{450+7800+3600}+2.2\times\dfrac{450}{450+7800+3600}}$$

$$=\dfrac{30.5\times450+48.9\times7800+19.7\times3600}{1.5\times450+2.5\times7800+2.2\times3600}$$

所以，今后计算综合股价的权重就不再用发行量的占比，而是直接用股票的发行量，这样就有了计算股票价格指数的第三种方法。

方法三：股票价格指数=$\dfrac{报告期的综合股价}{基期的综合股价}$

计算综合股价的权重，可以是股票的发行量或成交量，也可以是总股本或总市值。我国股票价格指数，如上证综合指数、深证综合指数等，都是按这种方法来计算的。

1. 上证综合股票指数

上证综合股票指数是由上海证券交易所编制的股票指数，1990 年 12 月 19 日正式开始发布。该股票指数的样本为所有在上海证券交易所挂牌上市的股票，其中新上市的股票在挂牌的第二天纳入股票指数的计算范围，权重为各股票的总股本（包括新股发行前的股份和新发行的股份的数量总和）。

2. 深证综合股票指数

深证综合股票指数是由深圳证券交易所编制的股票指数，1991 年 4 月 3 日为基期。该股票指数的计算方法基本与上证指数相同，其样本为所有在深圳证券交易所挂牌上市的股票，权重为股票的总股本。

由于深圳证券所的股票交投不如上海证交所那么活跃，深圳证券交易所后来改变了股票指数的编制方法，采用成分股指数（成分股指数是通过对所有上市公司进行考察，按照一定的标准选出一定数量有代表性的公司，采用成分股的可流通股数作为权重进行编制），选取 40 支具有代表性的股票计算股票指数。

3. 上证 180 指数

上证 180 指数是从上海证券市场中选取 180 家规模大、流动性好、行业代表性强的股票为样本编制而成的成分股指数。该指数不仅在编制方法的科学性、成分选择的代表性和成分的公开性上有所突破，同时也恢复和提升了成分指数的市场代表性，从而能更全面地反映股价的走势。统计表明，上证 180 指数的流通市值占到沪市流通市值的 50%，成交金额占比也达到 47%。它的推出有利于推出指数化投资，引导投资者理性投资，并

促进市场对"蓝筹股"的关注。

4．沪深 300 指数

沪深 300 指数是从上海和深圳证券市场中选取 300 支 A 股作为样本编制而成的成分股指数。

沪深 300 指数样本覆盖了沪深市场 60% 左右的市值，具有良好的市场代表性。沪深 300 指数是沪深证券交易所第一次联合发布的反映 A 股市场整体走势的指数。它的推出，丰富了市场现有的指数体系，增加了一项用于观察市场走势的指标，有利于投资者全面把握市场运行状况，也进一步为指数投资产品的创新和发展提供了基础条件。

4.6　四象限分析法

四象限分析法亦称波士顿矩阵法，是由美国著名的波士顿咨询公司创始人布鲁斯亨德森于 1970 年首创的一种用来分析和规划企业产品组合的方法。该方法根据产品的市场增长率和市场占有率，将产品划分到 4 个不同的象限（划分标准可以取产品平均值、经验值、行业水平值），如图 4-140 所示。

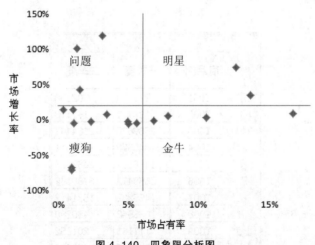

图 4-140　四象限分析图

各个象限的含义如下。

（1）第一象限，明星区，高度关注区。它是指处于高增长率、高市场占有率象限内的产品群。这类产品可能成为企业的金牛产品，需要加大投资，以支持其迅速发展。

（2）第二象限，问题区，优先改进区。它是处于高增长率、低市场占有率象限内的产品群。前者说明市场机会大，前景好，而后者则说明在市场营销上存在问题。其财务特点是利润率较低，所需资金不足，负债比率高。例如，在产品生命周期中处于引进期、因种种原因未能开拓市场局面的新产品即属此类问题的产品。对问题产品应采取选择性投资战略。因此，对问题产品的改进与扶持方案一般均列入企业长期计划中。对问题产品的管理组织，最好采取智囊团或项目组织等形式，选拔有规划能力、敢于冒风险、有才干的人负责。

（3）第三象限，瘦狗区，无关紧要区，衰退产品区。它是处在低增长率、低市场占有率象限内的产品群。其财务特点是利润率低、处于保本或亏损状态，负债比率高，无法为企业带来收益。对这类产品应采用撤退战略：首先应减少批量，逐渐撤退，对那些销售增长率和市场占有率均极低的产品应立即淘汰；其次是将剩余资源向其他产品转移；第三是整顿产品系列，最好将瘦狗产品与其他事业部合并，统一管理。

（4）第四象限，金牛区，维持优势区，厚利产品区。它是指处于低增长率、高市场占有率象限内的产品群，已进入成熟期。其财务特点是销售量大、产品利润率高、负债比率低，可以为企业提供资金，而且由于增长率低，也无需增大投资。

根据分析的结果，指导管理层如何将企业有限的资源有效地分配到合理的产品结构中去，以保证企业收益，是企业在激烈的市场竞争中取胜的关键。

例：某企业所有商品第一季度和第二季度的销售数据如图 4-141 所示，请用四象限法分析各种产品的特点。数据文件为工作簿"四象限分析.xlsx"中的"市场分析"工作表。

	A	B	C
1	商品编号	一季度	二季度
2	T001	211473	302238
3	T002	129777	161113
4	T003	2569620	2384447
5	T004	1345570	1330311
6	T005	1418381	2462726
7	T006	3559472	3768162
8	T007	1455282	1531412
9	T008	1038642	1480280
10	T009	177161	201652
11	T010	2506205	2758483
12	T011	620740	668954
13	T012	1993326	2060136
14	T013	1984624	2665278
15	T014	478370	708535
16	T015	467724	455046
17	T016	1297008	1868962

图 4-141　销售数据

（1）先计算二季度的市场占比和环比增幅，结果如图 4-142 所示。

	A	B	C	D	E
1	商品编号	一季度	二季度	二季度 市场占比	二季度 环比增幅
2	T001	211473	302238	1.22%	42.92%
3	T002	129777	161113	0.65%	24.15%
4	T003	2569620	2384447	9.61%	-7.21%
5	T004	1345570	1330311	5.36%	-1.13%
6	T005	1418381	2462726	9.93%	73.63%
7	T006	3559472	3768162	15.19%	5.86%
8	T007	1455282	1531412	6.17%	5.23%
9	T008	1038642	1480280	5.97%	42.52%
10	T009	177161	201652	0.81%	13.82%
11	T010	2506205	2758483	11.12%	10.07%
12	T011	620740	668954	2.70%	7.77%
13	T012	1993326	2060136	8.30%	3.35%
14	T013	1984624	2665278	10.74%	34.30%
15	T014	478370	708535	2.86%	48.11%
16	T015	467724	455046	1.83%	-2.71%
17	T016	1297008	1868962	7.53%	44.10%

图 4-142　二季度的市场占比与环比增幅

（2）选择单元格 D1:E17，插入散点图，如图 4-143 所示。

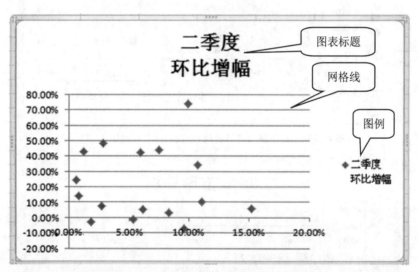

图 4-143　二季度"市场占比–环比增幅"散点图（一）

（3）分别右击网格线和图例，选择"删除"命令，将网格线和图例删除。

（4）将图表标题修改为"二季度市场分析"，利用"布局"选项卡的相关功能，添加横坐标标题和纵坐标标题，如图 4-144 所示。

（5）将绘图区分成 4 个象限（环比增幅的划分标准为行业平均值 30%，市场占比的划分标准为行业平均值 7%），具体操作如下。

第一步，将环比增幅按 30% 分成上下两个区域，相当于将横坐标轴平移到纵坐标的

30%处，这要细分成 3 个小步骤。

① 选择纵坐标，在纵坐标上单击鼠标右键，在弹出的快捷菜单中选择"设置坐标轴格式"命令，如图 4-145 所示。

② 在"设置坐标轴格式"对话框中，将其与横坐标交叉点的坐标轴设为 30%（即 0.3），同时把刻度线类型均设置为"无"，坐标轴标签设置为"低"，如图 4-146 所示。

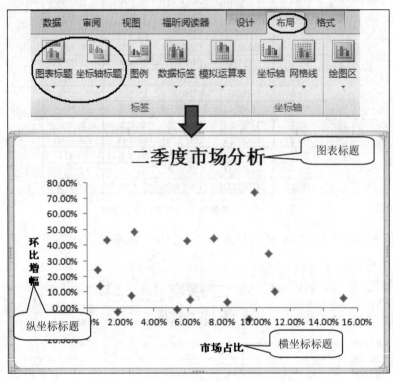

图 4-144　二季度"市场占比–环比增幅"散点图（二）

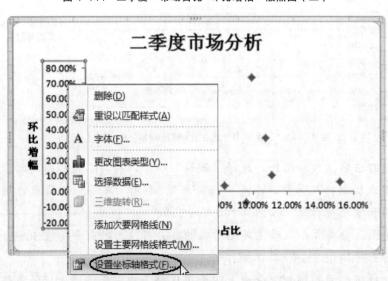

图 4-145　选择"设置纵坐标轴格式"命令

112

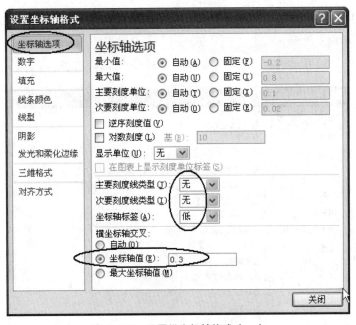

图 4-146　设置纵坐标轴格式（一）

③ 单击"设置坐标轴格式"对话框中的"数字"选项，设置纵坐标数字的小数位数为 0，如图 4-147 所示。

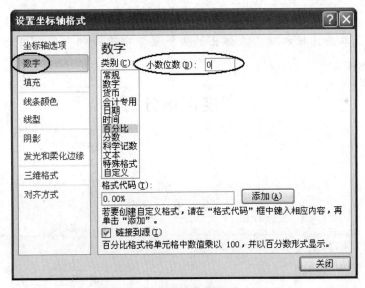

图 4-147　设置纵坐标轴格式（二）

第二步，将市场占比按 7% 分成左右两个区域，相当于将纵坐标轴平移到横坐标的 7% 处，这也要细分成 3 个小步骤。

① 选中横坐标轴，在横坐标上右击鼠标，在弹出的快捷菜单中选择"设置坐标轴格式"命令。

② 在"设置坐标轴格式"对话框的"坐标轴选项"选项卡中，设置其与纵坐标轴

交叉的坐标轴值为 7%（即 0.07），同时把刻度线类型均设置为"无"，坐标轴标签设置为"低"，如图 4-148 所示。

③ 在"数字"选项卡中，设置横坐标数字的小数位数为 0。

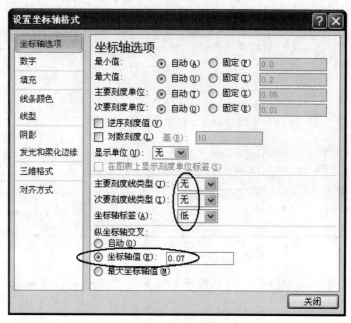

图 4-148　设置横坐标轴格式

（6）在点上单击鼠标右键，在弹出的快捷菜单中选择"添加数据标签"命令，结果如图 4-149 所示。

114

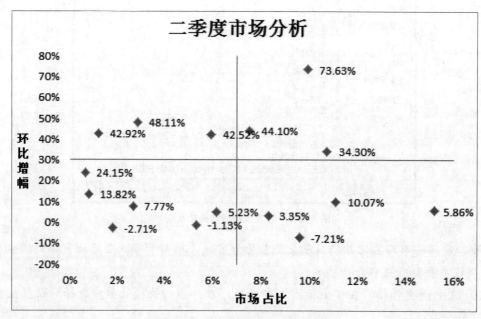

图 4-149　添加数据标签后的散点图

（7）逐个选中各数据标签，将文本框的文字改成对应的商品编号，结果如图 4-150 所示。

从图 4-150 可知，产品 T005、T013、T016 落在第一象限，属于明星产品，需要加大投资支持发展；产品 T003、T006、T010、T012 落在第四象限，属于金牛产品，无需增加投资；产品 T001、T008、T014 落在第二象限，属于问题产品，应优先考虑加以改进；其他产品落在第三象限，属于瘦狗产品，可以考虑逐步淘汰，将资源向其他产品转移。

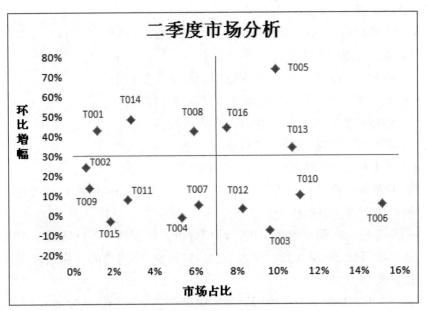

图 4-150　市场分析四象限图

4.7　练习

1．选择题

（1）研究动态数列时，发展速度=报告期水平/基期水平，发展速度是（　　　）。

　　A．总量指标　　　　B．平均指标　　　　C．相对指标　　　　D．标志表现

（2）若企业今年 4 月份的销售额与 3 月份相比增加了 5%，我们就说 4 月份销售额（　　）增加了 5%。

　　A．同比　　　　　　B．环比　　　　　　C．正比　　　　　　D．反比

（3）某企业今年 10 月份的销售额比去年 10 月份同期增加了 5%，我们就说该企业今年 10 月份的销售额（　　）增加了 5%。

　　A．同比　　　　　　B．环比　　　　　　C．正比　　　　　　D．反比

（4）某公司今年 10 月份的利润率是 44%，比上个月的 22%利润率提高了（　　　）。

    A．2 倍　　　　　　B．50%　　　　　　C．22%　　　　　　D．22 个百分点

（5）在回归分析中，被预测或被解释的变量被称为（　　　）。

    A．自变量　　　　　B．应变量　　　　　C．随机变量　　　　D．非随机变量

（6）回归方程 $y=a+bx$ 中，回归系数 b 为负数，说明应变量与自变量（　　　）。

    A．正相关　　　　　B．负相关　　　　　C．微弱相关　　　　D．低度相关

（7）设商品产量 y（件）与商品价格 x（元）的一元线性回归方程为 $y=60+38x$，这意味着商品价格每提高 1 元，产量平均（　　　）。

    A．增加 38 件　　　B．减少 38 件　　　C．增加 60 件　　　D．减少 60 件

（8）以下关于方差的论述中，正确的是（　　　）。

    A．一组数据的方差越大，说明数据的波动幅度越小

    B．一组数据的方差越大，说明数据的波动幅度越大

    C．一组数据的方差越大，说明平均数越大

    D．一组数据的方差越大，说明平均数越具有代表性

（9）以下关于相关与回归的论述中，错误的是（　　　）。

    A．回归系数和相关系数的符号是一致的，其符号均可以用来判断变量之间的关系是正相关还是负相关

    B．两个分析师对同一组数据进行回归分析，得到两个不同的数学模型。模型一的决定系数 R^2 为 0.82，模型二的决定系数 R^2 为 0.75，说明模型一的模拟效果较模型二更佳

    C．Excel 中，利用 correl 函数计算得到两个变量的相关系数 $r=0.2$，那么可以认为这两个变量不相关

    D．变量之间的线性相关程度越低，则相关系数 r 越接近于 0

（10）下列现象中，相关密切程度最高的是（　　　）。

    A．商品产量与单位成本之间的相关系数为-0.91

    B．商品流通费用与销售利润之间的相关系数为-0.5

    C．商品销售额与广告费之间的相关系数为 0.62

    D．商品的销售额与利润之间的相关系数为 0.8

2．分析操作题

（1）打开工作簿"数据分组.xlsx"中的"数学成绩"工作表，分别用透视表和直方图的方法将成绩分成 20～30、30～40、40～50、50～60、60～70、70～80、80～90、90～100 共 8 组，统计每组的人数，并比较两种方法计算的结果有无不同。

（2）将工作簿"数据分组.xlsx"中"双肩包"工作表的数据进行以下分组统计。

① 统计淘宝和天猫的店铺数和 30 天销售额总和，如图 4-151 所示。

② 统计每年开店的店铺数，如图 4-152 所示。

行标签	计数项:店铺名称	求和项:30天销售额
淘宝	1170	108170898.9
天猫	584	118144236.9
总计	1754	226315135.8

图 4-151　淘宝和天猫数据比较

③ 统计价格在区间 0～100 元、100～200 元、200～300 元、300～400 元、400～500 元、500～600 元、600～700 元、700～800 元、800～900 元、900～1000 元的宝贝在 30 天内的销售额总和，如图 4-153 所示。

行标签	计数项:店铺名称
2005年	6
2006年	11
2007年	24
2008年	37
2009年	98
2010年	116
2011年	217
2012年	277
2013年	350
2014年	471
2015年	147
总计	1754

图 4-152　每年的开店数量

行标签	求和项:30天销售额
0～100	28748369
100～200	58535724
200～300	53594307
300～400	41165395
400～500	16301333
500～600	16228453
600～700	5754345
700～800	2021646
800～900	3038461
900～1000	927102
总计	226315136

图 4-153　各区间价格销售额统计

（3）打开工作簿"数据分组.xlsx"中的"双肩包"工作表，分别用函数的方法和"描述统计"的方法计算价格的总量指标、平均指标、中位数、众数、极差、方差和标准差。

（4）已知节能灯泡使用时数调查资料如表 4-7 所示，请依据该资料计算节能灯泡平均使用时数。数据文件为工作簿"描述性统计.xlsx"中的"节能灯泡"工作表。

表 4-7　节能灯泡按使用时数分组统计资料

按使用时数分组（小时）	个数（只）
2000 以下	10
2000～2500	30
2500～3000	60
3000～3500	200
3500～4000	70
4000～4500	40
4500 以上	20

（5）已知某企业 2014—2015 年各月销售额资料如图 4-154 所示，请计算 2015 年各月的环比发展速度、同比发展速度、环比增长速度、同比增长速度。数据文件为工作簿"动态数列分析.xlsx"中的"销售额"工作表。

	A	B	C	D	E	F	G	H	I	J	K	L	M
1	某企业2014—2015年各月销售额资料　（万元）												
2	年 ＼ 月	1	2	3	4	5	6	7	8	9	10	11	12
3	2014年	230	253	176	105	72	52	41	36	71	144	248	266
4	2015年	240	270	178	105	76	50	38	35	76	151	250	270
5	环比发展速度（%）												
6	同比发展速度（%）												
7	环比增长速度（%）												
8	同比增长速度（%）												

图4-154　企业销售额资料

（6）某企业2011—2015年各季的销售量统计如图4-155所示，请用同期平均法计算各季的季节指数，并根据季节指数预测2016年各季的销售量。数据文件为工作簿"动态数列分析.xlsx"中的"同期平均法2"工作表。

	A	B	C	D	E	F
1	某企业五年各季节销售量资料				单位：万件	
2	季节 ＼ 年份	2011	2012	2013	2014	2015
3	1	19	20	21	22	23
4	2	40	43	42	45	48
5	3	52	58	60	62	65
6	4	27	28	29	28	30

图4-155　企业销售量

（7）某网店2011—2015年的销售额统计如图4-156所示，请用移动平均趋势剔除法计算各季的季节指数，并根据季节指数预测2016年各季的销售额。数据文件为工作簿"动态数列分析.xlsx"中的"趋势剔除法2"工作表。

	A	B	C	D	E	F	G	H	I	J	K	L	M	N	O	P	Q	R	S	T	U
1	年份	2011				2012				2013				2014				2015			
2	季节	1	2	3	4	1	2	3	4	1	2	3	4	1	2	3	4	1	2	3	4
3	销售额（万元）	10	50	80	90	15	54	85	93	22	60	88	95	23	64	90	99	25	70	93	98

图4-156　网店销售额

（8）某公司统计出历年的年销售额和年广告投入费用资料如图4-157所示，数据文件见"相关与回归分析.xlsx"中的"练习1"工作表，请对该数据做相关分析和回归分析。

（9）某婴幼儿专卖店统计出2016年1—9月婴幼儿米粉的销售额与流通率的资料如图4-158所示，请模拟出销售额与流通率的回归方程。数据文件见"相关与回归分析.xlsx"中的"练习2"工作表。

	A	B	C
1	年销售额(万元)	电视广告投入费用(千元)	报纸、宣传画册广告费用（千元）
2	254.4	10	2
3	286.8	10	2
4	394.8	20	2
5	409.2	20	2
6	510	40	2
7	518.4	40	2
8	588	50	3
9	633.6	50	3
10	712.8	60	3
11	762	60	3

图 4-157 公司年销售额和广告投入费用资料

	A	B
1	婴幼儿米粉销售额与流通率	
2	流通率(%)	销售额（亿元）
3	8	11.6
4	5	14.8
5	4	18.7
6	3	21.8
7	2.6	25.7
8	2.4	31.3
9	2.2	41.6
10	2	44.5
11	1.5	52.5

图 4-158 销售额与流通率资料

（10）已知某市 2010—2015 年家用空调机销售量如图 4-159 所示，请用数学模型法模拟该市家用空调机销售量的变化规律，并预测 2016 年的销售量。数据文件见"相关与回归分析.xlsx"中的"练习 3"工作表。

	A	B	C	D	E	F	G
1	某市2010—2015年家用空调机销售量资料						
2	年份	2010	2011	2012	2013	2014	2015
3	销售量（万台）	5.3	7.2	9.6	12.9	17.1	23.2

图 4-159 某市 2010—2015 年家用空调机销售量资料

（11）在某学院院级领导干部民主测评过程中，对院级领导干部的测评从以下 9 个项目进行：①大局意识；②政策水平；③工作能力；④组织领导；⑤解决复杂问题；⑥履行职责成效；⑦制度建设和基础性工作；⑧工作作风；⑨廉洁自律。请用目标优化矩阵法计算每个项目的权重。

（12）在某学院院级领导干部民主测评过程中，对院级领导干部 A 的测评资料如图 4-160 所示。数据文件见"综合评价分析.xlsx"中"干部测评"的工作表。

	A	B	C	D	E	F	G
1	某院级领导干部的测评票数及得分统计表						
2	等级 / 人数 / 测评项目	好 (100分)	较好 (80分)	一般 (60分)	较差 (40分)	项目平均分	项目权重
3	大局意识	152	40	8	0		
4	政策水平	162	32	6	0		
5	工作能力	172	26	2	0		
6	组织领导	160	34	6	0		
7	解决复杂问题	144	52	4	0		
8	履行职责成效	180	20	0	0		
9	制度建设和基础性工作	150	42	8	0		
10	工作作风	166	34	0	0		
11	廉洁自律	176	24	0	0		
12							
13						综合得分：	

图 4-160 测评资料

若根据专家对大局意识、政策水平、工作能力、组织领导、解决复杂问题、履行职责成效、制度建设和基础性工作、工作作风、廉洁自律打分，可得权重为 10%、15%、20%、10%、10%、10%、5%、10%、10%。请计算该领导干部 A 的综合测评分值是多少。

（13）企业的规模一般由企业的劳动力人数、企业的年产值、企业的固定资产价值 3 项指标综合决定，经过专家讨论决定，3 项指标的权重分别为 35%、20%、45%。已知某 7 家制衣厂的"劳动力人数""年产值""固定资产价值"数据如图 4-161 所示，请用综合评价分析法对这 7 家企业的规模进行综合评价，并对这 7 家企业的规模做一个排序。数据文件见"综合评价分析.xlsx"中的"企业测评"工作表。

	A	B	C	D
1	企业名称	劳动力人数（人）	年产值（万元）	固定资产价值（万元）
2	企业1	400	70	160
3	企业2	300	60	120
4	企业3	280	50	150
5	企业4	350	60	150
6	企业5	620	100	200
7	企业6	780	80	200
8	企业7	500	70	150

图 4-161 各企业的基本数据

（14）2015 年线上洁面市场十大品牌销售情况如图 4-162 所示，请用四象限分析法分析各种产品的销售情况，并给出销售建议。数据文件见"四象限分析.xlsx"中的"市场分析 2"工作表。

	A	B	C
1	2015年线上洁面市场TOP10品牌销售情况		
2	品牌	市场占比	同比增幅
3	欧莱雅	6.40%	100%
4	妮维雅	5.50%	45%
5	高夫	3.20%	95%
6	丝塔夫	3.60%	2%
7	曼秀雷敦	2.20%	30%
8	花印	2.20%	200%
9	洗颜专科	2%	-10%
10	相宜本草	1.08%	10%
11	悦诗风吟	1.70%	180%
12	芙丽芳丝	1.60%	120%
13	平均值	2.95%	77%

图 4-162　线上洁面市场销售统计

05 第5章
数据的展现

数据展现是指进一步优化数据分析的结果，用更加直观、有效的方式将数据展现出来。常见的数据展现方式有统计表和统计图。一般情况下，能用表格说明问题的就不用文字，能用图片说明问题的就不用表格。

5.1　统计表

把数据按一定的顺序排列在表格中，就形成统计表。统计表是用于表现数字资料整理结果的最常用的表格。

5.1.1　统计表的构成

从形式上看，统计表是由纵横交叉的直线组成的左右两边不封口的表格，表的上面有总标题，即表的名称，左边有横行标题，上方有纵栏标题，表内是统计数据。表 5-1 所示是我国 2015 年年末人口统计表。

表 5-1　2015 年年末人口数　　　　　　单位：万人

分组	人口数（万人）	比重（%）
0～15 岁	24166	17.6
16～59 岁	91096	66.3
60 岁及以上	22200	16.1
合计	137462	100

为了使统计表的设计更科学、实用、简明和美观，应注意以下 4 个问题。

（1）总标题要简明扼要，并能准确说明表中的内容。

（2）统计表上下两端的直线应当用粗线绘制，表中其他线条一律用细线绘制，表的左右两端习惯上均不画线，采用开口式。

（3）统计数据应有计算单位，如果全表的计算单位是相同的，应在表的右上角注明"单位：××"字样，如果表中同栏指标数据的计算单位相同而各栏之间不同，则应在各栏标题中注明计算单位。

（4）对某些资料必须进行说明时，应在表的下面注明。

5.1.2　统计表的分类

按分组情况不同，统计表又可以分为简单表、分组表和复合表。

（1）简单表：指总体未经任何分组的统计表。

（2）分组表：指按一个分组标志对总体进行分组的统计表。

（3）复合表：指按两个或两个以上标志结合起来对总体进行分组的统计表，如表 5-2 所示。

表 5-2　　2004 年我国人口统计　　　　　（单位：万人）

分类	指标	年末数	比重（%）
按城乡分	城镇	54283	41.8
	乡村	75705	58.2
按性别分	男性	66976	51.5
	女性	63012	48.5
按年龄分	0～14 岁	27947	21.5
	15～64 岁	92184	70.9
	65 岁及以上	9857	7.6

在 Excel 中制作的透视表并不是标准的统计表，如果直接将透视表放在数据分析报告中，估计很多人都会看不懂，所以，透视表一定要改造后才能放在数据分析报告中。

如果要将透视表改成统计表，可以先复制透视表，再将其粘贴到 Word 或 PowerPoint 中，并按统计表的要求修改标题和边框。

例如，在 Word 中将 4.1.2 的例 3 的透视图（见图 5-1）改成统计表（见图 5-2）。

	A	B
1		
2		
3	行标签 ▼	求和项:点击次数
4	100～149	698198623
5	150～199	106375092
6	200～249	3516533
7	250～299	1050262
8	300～349	284511
9	350～400	290222
10	总计	809715243

图 5-1　透视表

各区间商品点击次数统计表	
价格（元）	点击次数
100～149	698198623
150～199	106375092
200～249	3516533
250～299	1050262
300～349	284511
350～400	290222
总计	809715243

图 5-2　改造后的统计表

5.2　统计图

统计图是利用几何图形或具体形象表现统计资料的一种形式。它的特点是形象直观、富于表现、便于理解，因而绘制统计图也是统计资料整理的重要内容之一。统计图可以表明总体的规模、水平、结构、对比关系、依存关系、发展趋势和分布状况等，更有利于统计分析与研究。下面主要介绍如何利用 Excel 软件来绘制统计图。Excel 常用的统计图有柱形图、条形图、饼图、折线图、散点图等。

5.2.1　柱形图

柱形图是展现数据关系最常用的图形，用于显示各项数据之间的比较情况或显示一段时间内的数据变化。在柱形图中，通常沿水平轴组织类别，沿垂直轴组织数值。以下几种情况一般均采用柱形图展现数据。

1．分组数据

例 1：打开工作簿"统计图.xlsx"，找到"柱形图 1"工作表。

（1）选择数据区域 A2:B8，单击"插入"｜"柱形图"按钮，单击"二维柱形图"中的第 1 个图形，如图 5-3 所示，结果如图 5-4 所示。

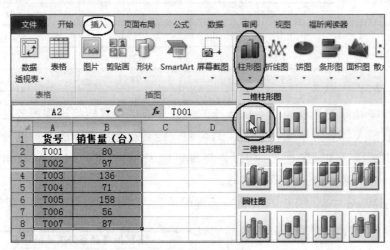

图 5-3　插入柱形图

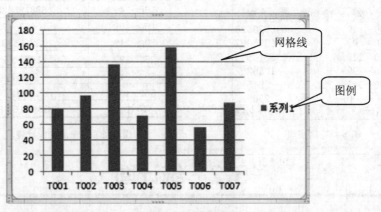

图 5-4　柱形图

（2）分别右击"网格线"和"图例"，选择"删除"命令，删除网格线和图例。

（3）右键单击任意一个柱形，在弹出的快捷菜单中选择"添加数据标签"命令，在柱形的上方添加数据标签。

（4）在"布局"选项卡中添加图表标题"销量统计（单位：台）"，横轴标题"货号"，效果如图 5-5 所示。

（5）单击"设计"选项卡，选择图表样式"样式 32"。

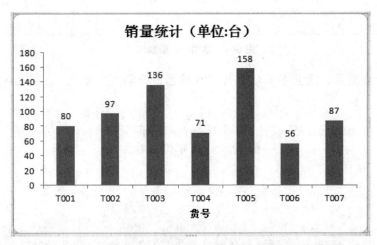

图 5-5 删除了网格线和图例、添加了数据标签和标题的柱形图

（6）选择横坐标，在横坐标上单击鼠标右键，在弹出的快捷菜单中选择"设置坐标轴格式"命令，在"设置坐标轴格式"对话框中，设置其"主要刻度线类型"为"无"，如图 5-6 所示，以去除横轴上的刻度线。

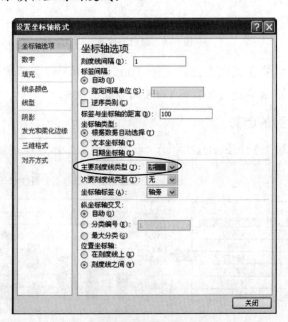

图 5-6 去除横轴上的刻度线

（7）为了增强图表的观赏性，一般建议给图表加点色彩。选择**图表区**，设置形状填充为"橙色，强调文字颜色6，淡色80%"，如图5-7所示。

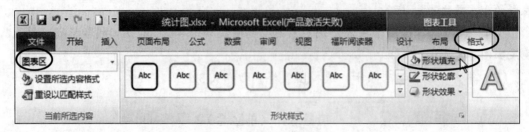

图5-7 给图表区添加底纹

（8）选择绘图区，设置形状填充为"水绿色，强调文字颜色5，淡色80%"，最后的效果如图5-8所示。

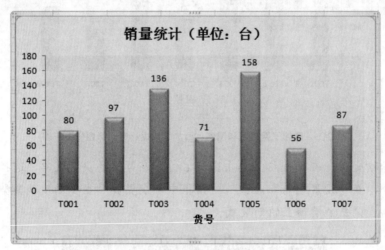

图5-8 最后的效果

从图5-8中可以非常直观地看出，货号T005和T003销量非常好，T006销量较差，所以在进货安排上，应该多进T003和T005而少进T006。

2. 展示动态数列的趋势

例2：根据工作簿"统计图.xlsx"中的"柱形图3"工作表绘制图5-9所示的柱形图。

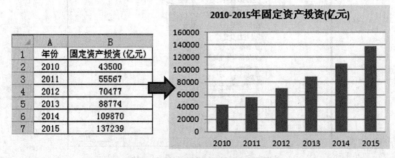

图5-9 固定资产投资额柱形图

从图 5-9 可以看出，固定资产投资额呈明显的线性增长趋势。

注意：如果操作不当，会做成图 5-10 所示的样子，主要错误是将第一列数"年份"做成了一个系列。

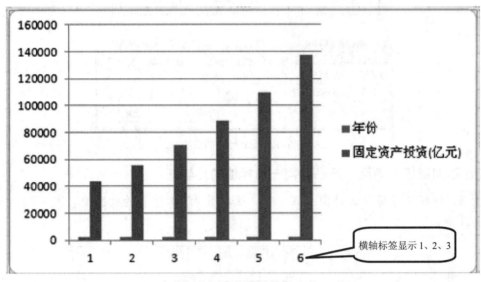

图 5-10　两个系列

必须将"年份"系列删除，其方法是：单击"设计"|"选择数据"按钮，打开"选择数据源"对话框，如图 5-11 所示。选择对话框左边的"年份"系列，再单击对话框中的"删除"按钮。

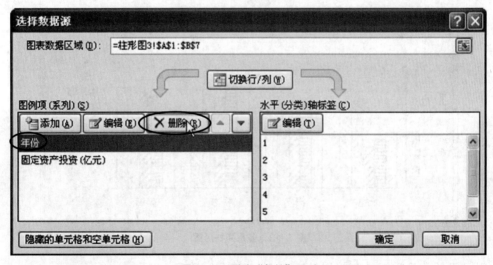

图 5-11　删除"年份"系列

还有一个问题是：横坐标轴（水平轴）的标签是自然数 1、2、3、…，不是年份 2010、2011、…。解决办法是：单击图 5-11 右边的"水平（分类）轴标签"下的"编辑"按钮，打开图 5-12 所示的对话框，并选择数据区域 A2:A7 即可。

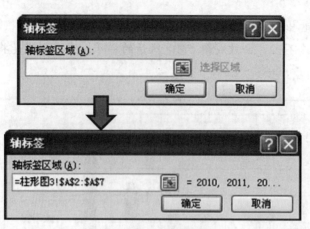

图 5-12 修改水平轴标签

3. 不同部门、地区、产品的同一指标值的比较

例 3: 根据工作簿"统计图.xlsx"中"柱形图 4"工作表的数据绘制图 5-13 所示的多系列柱形图。

128

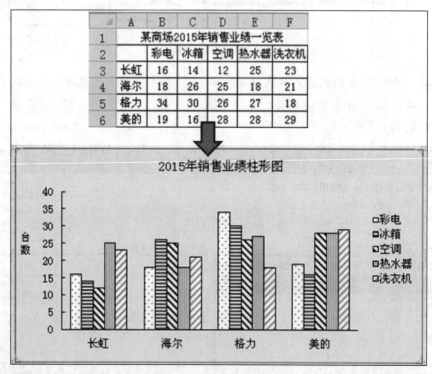

图 5-13 多系列柱形图

刚一开始学习时可能会将图做成图 5-14 所示的样子。

图 5-13 与图 5-14 的主要区别在于: 图 5-13 以每一列数据作为一个系列, 5 列数就是 5 个系列; 而图 5-14 则是以每一行作为一个系列, 4 行数据就是 4 个系列。解决的办法很简单, 只需单击"设计"│"切换行/列"按钮即可。

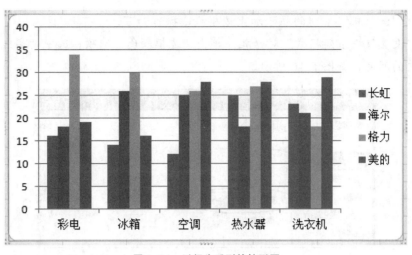

图 5-14　以行为系列的柱形图

如何给不同的系列填充不同的图案呢？具体操作如下。

（1）给系列"洗衣机"用斜线图案填充，操作如下。

双击"洗衣机"系列，直接打开"设置数据系列格式"对话框，单击"填充"选项，选中"图案填充"单选项，并选择"宽上对角线"图案，"前景色"选择一种橙色，"背景色"选择"白色，背景1"，如图 5-15 所示。

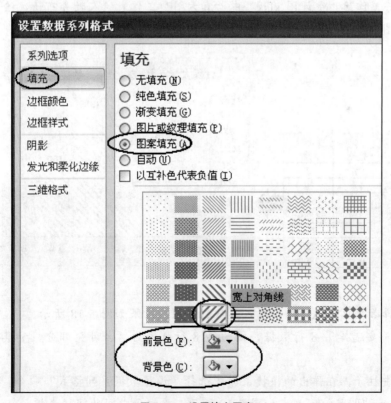

图 5-15　设置填充图案

（2）给"洗衣机"系列的柱子加上边框线，操作如下。

打开"设置数据系列格式"对话框，单击"边框颜色"选项，选中"实线"单选项，并选择喜欢的颜色，如图5-16所示。

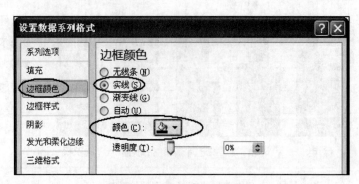

图5-16　设置喜欢的边框颜色

拓展：将柱形图改为直方图

在统计分析数据时，根据频数分布统计表，在平面直角坐标系中，横轴表示分组情况，纵轴表示各组的频数，每个矩形的高度代表对应的频数，称这样的统计图为频数分布直方图。用直方图可以比较直观地看出数据的分布状态，便于判断其总体的分布情况。

例4：将工作簿"统计图.xlsx"中"直方图"工作表的人数分布情况绘制成图5-17所示的直方图。

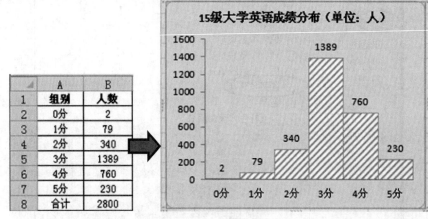

图5-17　直方图

（1）选择数据区域A1:B7，插入簇状柱形图，结果如图5-18所示。

提示：不要选择第8行数据，因为第8行数据为"合计"部分，和其他组没有可比性。

（2）右击柱子，在弹出的快捷菜单中选择"设置数据系列格式"命令，将"分类间距"设置为"无间距（0%）"，如图5-19所示，将柱子中间的间隔去掉。

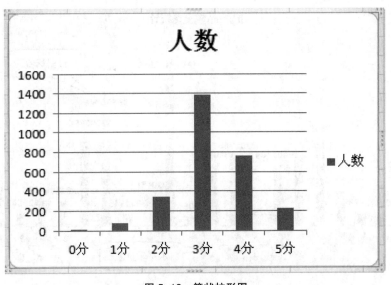

图 5-18 簇状柱形图

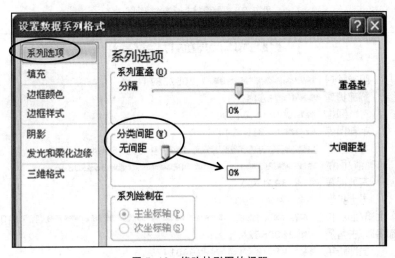

图 5-19 修改柱形图的间距

（3）为柱子填充"宽上对角线"图案。

（4）修改图表区和绘图区的颜色。

（5）修改图表标题，添加数据标签，删除图例和网格线。

5.2.2 条形图

条形图就是将柱形图顺时针旋转 90°后所得的效果图，其作用与柱形图一样。一般来说，如果柱形图的水平轴标签或数据标签过长（见图 5-20），就会影响数据的可读性，这时建议改用条形图（见图 5-21）。

例 1：根据工作簿"统计图.xlsx"中"条形图"工作表的数据，制作图 5-21 所示的条形图。

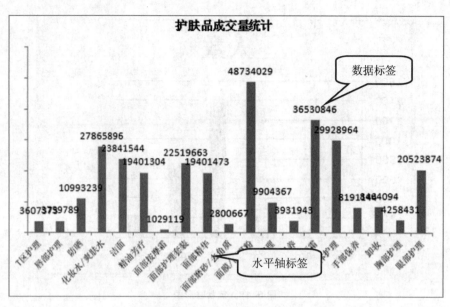

图 5-20　标签过长的柱形图

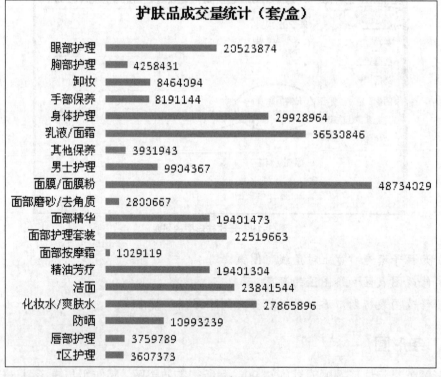

图 5-21　条形图

（1）选择数据区域 A1:B20，插入簇状条形图。

（2）修改图表标题内容及字号大小。

（3）删除图例、网格线。

（4）调整图表大小，以显示左侧所有护肤品名称。

（5）添加数据标签。

（6）设置横坐标轴标签为"无"，主要刻度线类型为"无"。

（7）设置纵坐标轴主要刻度线类型为"无"。

（8）给图表区填充浅绿色。

拓展：利用条形图绘制甘特图

甘特图通过线条或矩形条来展现项目的进度。在甘特图中，横轴表示时间，纵轴表示项目，线条或矩形条的起点、终点和长度分别表示项目的开始时间、结束时间和持续时间，如图 5-22 所示。

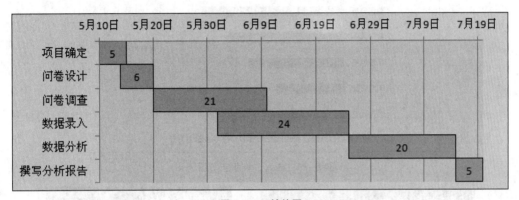

图 5-22　甘特图

例 2：图 5-23 所示的数据为某一数据分析任务的进度安排，请根据该数据制作图 5-22 所示的甘特图。数据文件见"统计图.xlsx"中"甘特图"工作表。

	A	B	C
1		开始日期	结束日期
2	项目确定	5月10日	5月15日
3	问卷设计	5月14日	5月20日
4	问卷调查	5月20日	6月10日
5	数据录入	6月1日	6月25日
6	数据分析	6月25日	7月15日
7	撰写分析报告	7月15日	7月20日

图 5-23　项目进度安排

（1）在单元格 D2 中用公式"=C2-B2"计算项目确定需要的天数，并向下填充。

（2）选择数据区域 A1:B7 和 D1:D7，插入堆积条形图，如图 5-24 所示。

（3）双击系列"开始日期"，打开"设置数据系列格式"对话框，将"填充"设置为"无填充"，将"边框颜色"设置为"无线条"，如图 5-25 所示。

（4）双击系列"完成天数"，打开"设置数据系列格式"对话框，将"填充"设置为橙色的纯色填充"，将"边框颜色"设置为黑色"实线"，如图 5-26 所示。

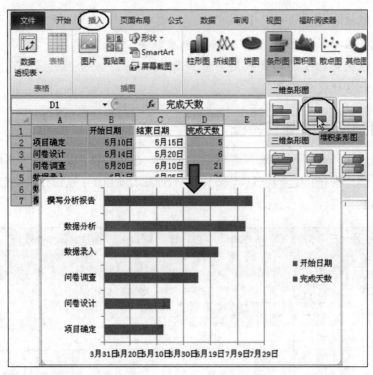

图 5-24 插入"堆积条形图"

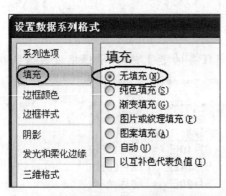

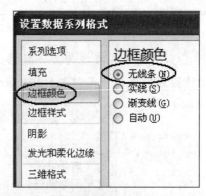

图 5-25 设置系列"开始日期"的填充色和边框颜色

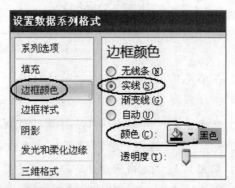

图 5-26 设置系列"完成天数"的填充色和边框颜色

（5）删除图例，给系列"完成天数"添加数据标签，结果如图 5-27 所示。

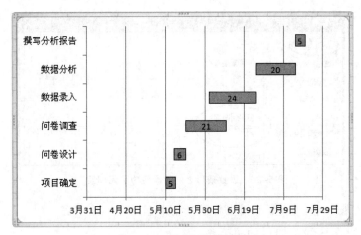

图 5-27　甘特图初步效果

（6）双击横坐标，打开"设置坐标轴格式"对话框，将坐标轴刻度的"最小值"设置为 42500（即 5 月 10 日），如图 5-28 所示。

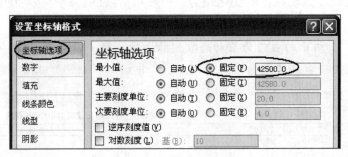

图 5-28　设置横坐标最小刻度为 42500（5 月 10 日）

（7）双击纵坐标，打开"设置坐标轴格式"对话框，将坐标轴标签设置为"逆序类别"，如图 5-29 所示。

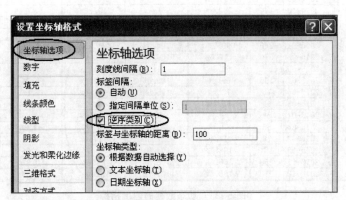

图 5-29　设置纵坐标标签为逆序显示

（8）双击条形，打开"设置数据点格式"对话框，设置"分类间距"为"无间距"，如图 5-30 所示。

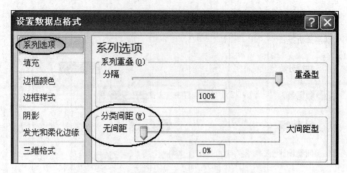

图 5-30　设置条形之间的间距为"无间距"

（9）调整图表大小，以显示横坐标的所有标签。

（10）修改图表区和绘图区的填充色。

5.2.3　折线图

如果希望图表能体现数据的**变化趋势**，一般用折线图。动态数列的速度指标一般用折线图展现。

例 1：图 5-31 所示的数据为某动态数列的速度指标，请绘制 2015 年 1—12 月的环比增长速度折线图。数据文件为"统计图.xlsx"中的"折线图"工作表。

	A	B	C	D	E	F
1	时间	销售额	环比发展速度	同比发展速度	环比增长速度	同比增长速度
2	2014-01	230				
3	2014-02	253	110.0%		10.0%	
4	2014-03	176	69.6%		-30.4%	
5	2014-04	105	59.7%		-40.3%	
6	2014-05	72	68.6%		-31.4%	
7	2014-06	52	72.2%		-27.8%	
8	2014-07	41	78.8%		-21.2%	
9	2014-08	36	87.8%		-12.2%	
10	2014-09	71	197.2%		97.2%	
11	2014-10	144	202.8%		102.8%	
12	2014-11	248	172.2%		72.2%	
13	2014-12	266	107.3%		7.3%	
14	2015-01	240	90.2%	104.3%	-9.8%	4.3%
15	2015-02	270	112.5%	106.7%	12.5%	6.7%
16	2015-03	178	65.9%	101.1%	-34.1%	1.1%
17	2015-04	105	59.0%	100.0%	-41.0%	0.0%
18	2015-05	76	72.4%	105.6%	-27.6%	5.6%
19	2015-06	50	65.8%	96.2%	-34.2%	-3.8%
20	2015-07	38	76.0%	92.7%	-24.0%	-7.3%
21	2015-08	35	92.1%	97.2%	-7.9%	-2.8%
22	2015-09	76	217.1%	107.0%	117.1%	7.0%
23	2015-10	151	198.7%	104.9%	98.7%	4.9%
24	2015-11	250	165.6%	100.8%	65.6%	0.8%
25	2015-12	270	108.0%	101.5%	8.0%	1.5%

图 5-31　动态数列的速度指标

（1）打开文件"统计图.xlsx"，找到"折线图"工作表，选择单元格区域 E14:E25，插入"带数据标志的折线图"，结果如图 5-32 所示。

（2）删除图例和网格线。

（3）添加"数据标签"，并逐一选择重叠的数据标签，将其调整到合适的位置，结果如图 5-33 所示。

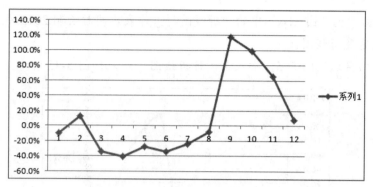

图 5-32 环比增长速度折线图（一）

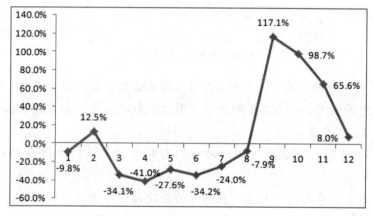

图 5-33 环比增长速度折线图（二）

（4）在图表上方添加图表标题"2015 年环比增长速度分析"。

（5）给图表区添加合适的底纹，最后的效果如图 5-34 所示。

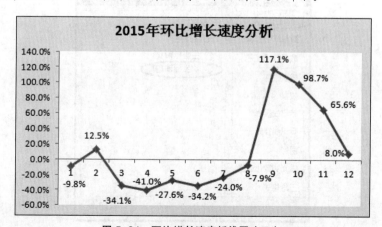

图 5-34 环比增长速度折线图（三）

拓展一：双坐标图

两个系列数据差别很大时，在同一坐标轴下就无法很好地展现出数据原本的面貌，这时应采用双坐标图。

例 2：根据"统计图.xlsx"中的"折线图"工作表，同时绘制 2015 年的环比增长速度和同比增长速度折线图。

选择单元格区域 E14:F25，插入第 1 种折线图，结果如图 5-35 所示。

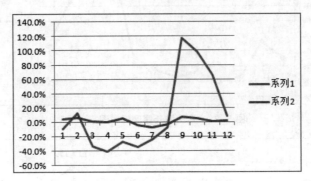

图 5-35 单坐标、双系列折线图

图 5-35 有两个缺陷：其一，系列 2（同比增长速度）因为数据太小，压缩在横轴附近，不易比较数据的大小；其二，两个系列用颜色加以区分，如果打印在纸上，不易分清哪个是系列 1，哪个是系列 2。

下面介绍如何将系列 2 的纵坐标轴移到图的右边，并将系列 2 的线型改成虚线"方点"。

（1）在系列 2 上单击鼠标右键，在弹出的快捷菜单中选择"设置数据系列格式"命令，在随后打开的"设置数据系列格式"对话框中选中"次坐标轴"单选项，如图 5-36 所示。

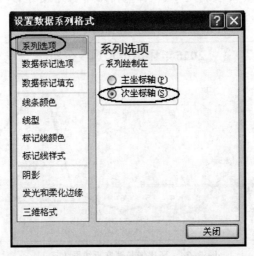

图 5-36 将系列 2 绘制在次坐标轴

数据分析基础

（2）单击"设置数据系列格式"对话框中的"线型"选项，将系列 2 的线型设置为"短划线类型"中的"方点"，如图 5-37 所示。

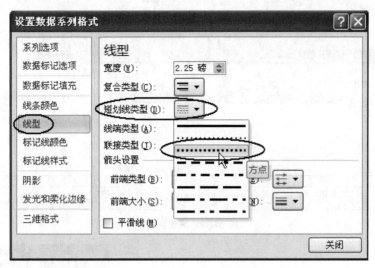

图 5-37　修改系列 2 的线型

（3）结果如图 5-38 所示，其中右轴（次坐标轴）为系列 2 的纵坐轴。

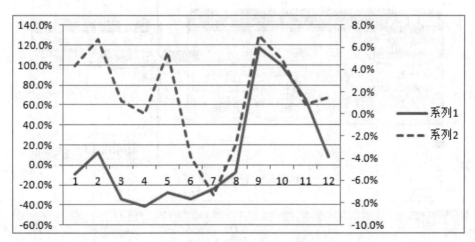

图 5-38　双坐标、双系列折线图

（4）将图例由 ——系列1 ----系列2 改成 ——环比增长速度 ----同比增长速度 。

① 在图上单击鼠标右键，在弹出的快捷菜单中选择"选择数据"命令，在随后打开的"选择数据源"对话框中，选择"系列 1"后单击左边的"编辑"按钮，如图 5-39 所示。

② 在随后打开的"编辑数据系列"对话框中的"系列名称"输入框中，选择单元格 E1，如图 5-40 所示。

③ 用同样的方法修改"系列 2"的图例名称为单元格 F1 中的文本"同比增长速度"，效果如图 5-41 所示。

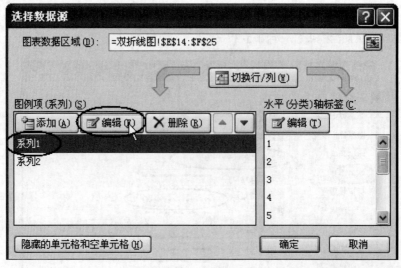

图 5-39　编辑系列 1

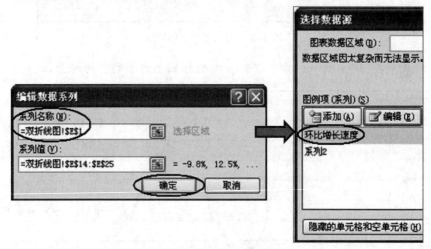

图 5-40　修改后的系列 1

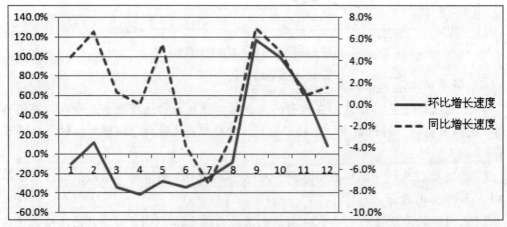

图 5-41　修改图例后的效果图

（5）分别在横坐标和纵坐标上单击鼠标右键，在弹出的快捷菜单中选择"设置坐标轴格式"命令，并在随后打开的"设置坐标轴格式"对话框中，单击左侧的"数字"选项，将"小数位数"改为"0"，如图5-42所示。

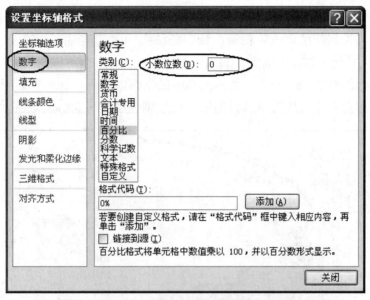

图5-42　修改坐标轴的小数位数

（6）设置"在底部显示图例"，并在图表上方添加图表标题"2015年增长速度分析"。

（7）现在的图还有一个缺点：分不清（环比/同比）增长速度的数据到底是看左边刻度还是看右边刻度，所以，给主要纵坐标（左边）设置标题为"环比增长速度"，次要纵坐标（右边）设置标题为"同比增长速度"，效果如图5-43所示。

（8）美化图表：给图表区和绘图区分别添加喜欢的底纹。

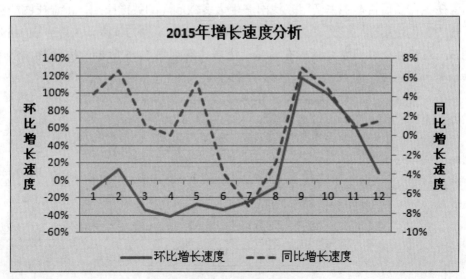

图5-43　最终效果

拓展二：帕累托图

帕累托图用双坐标轴表示，共用的横坐标为影响质量的各因素按影响程度的大小从大到小依次排列；左边纵坐标用直方图表示各因素的频数，右边纵坐标用折线表示各因素累计的百分率，如图 5-44 所示。

帕累托图与帕累托法则一脉相承。帕累托法则即人们常说的"二八原理"。二八原理认为：在任何特定的群体中，重要的因子通常只占少数，而不重要的因子则常占多数，二者的数量比大体是 2：8。例如，世界上 80%的财富就掌握在 20%的人手中，一个公司的精英人士通常只占总人数的 20%，但他们往往创造了公司 80%的效益。

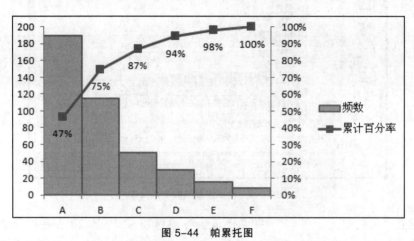

图 5-44　帕累托图

二八原理表明：只要控制重要的少数，即能控制全局。所以，当一家公司发现自己 80%的利润来自于 20%的顾客时，就该努力让那 20%的顾客乐意扩展与它的合作。这样做比把注意力平均分散给所有的顾客更容易，也更值得。

帕累托图在项目管理中主要用来找出产生大多数问题的关键原因，帕累托图能直观体现和区分"微不足道的大多数"和"至关重要的极少数"，从而方便人们关注到重要的类别。

例 3：某旅游公司调查分析已有顾客的资料，得到图 5-45 所示的统计数据，请根据该数据绘制帕累托图。数据文件见"统计图.xlsx"的"帕累托图"工作表。

	A	B
1	旅游人次分组统计资料	
2	人群分组	频数（万人次）
3	40后	24
4	50后	120
5	60后	486
6	70后	560
7	80后	98
8	90后	36
9	00后	8

图 5-45　原始数据

（1）先按频数多少进行降序排列，结果如图 5-46 所示。

	A	B
1	旅游人次分组统计资料	
2	人群分组	频数（万人次）
3	70后	560
4	60后	486
5	50后	120
6	80后	98
7	90后	36
8	40后	24
9	00后	8

图 5-46　排序后的数据

（2）计算出累计频率。在单元格 C3 中用公式"=sum($B$3:B3)/sum($B$3:$B$9)"计算第一组数的累计百分率。双击 C3 的填充柄完成填充，计算出其他组的累计百分率，如图 5-47 所示。

	A	B	C
1	旅游人次分组统计资料		
2	人群分组	频数（万人次）	累计百分率
3	70后	560	42%
4	60后	486	79%
5	50后	120	88%
6	80后	98	95%
7	90后	36	98%
8	40后	24	99%
9	00后	8	100%

图 5-47　累计百分率

143

（3）选择数据区域 A2:C9，插入簇状柱形图，得到图 5-48 所示的柱形图。

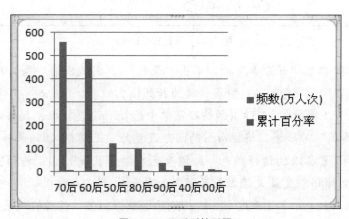

图 5-48　双系列柱形图

（4）删除右侧的图例。

（5）单击"格式"选项卡，在左上角"当前所选内容组"中选中"系列'累计百分率'"，如图 5-49 所示，再选择"设置所选内容格式"命令，如图 5-50 所示。

图 5-49 选择"系列'累计百分率'"

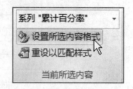

图 5-50 设置所选内容格式

（6）在随后打开的"设置数据系列格式"对话框中，设置系列绘制在为"次坐标轴"，如图 5-51 所示。

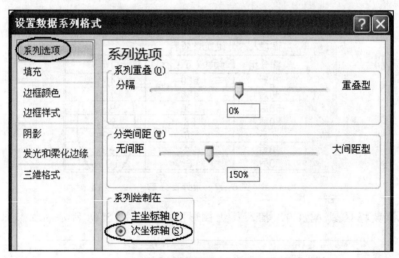

图 5-51 设置次坐标轴

（7）选中系列"累计百分率"后，单击"设计"｜"更改图表类型"按钮，选择"带数据标记的折线图"，将该系列的图表转换为折线图。

（8）右击柱形（频数），在弹出的快捷菜单中选择"设置数据系列格式"命令，打开"设置数据系列格式"对话框，将柱形图的间距设置为"无间距"，结果如图 5-52 所示。

（9）给柱形设置喜欢的边框颜色，给图表区和绘图区设置喜欢的颜色。

（10）将次坐标轴刻度最大值由原来的 1.2 改为 1（即 100%）。

（11）删除网格线，添加图表标题，给折线添加数据标签，最后的效果如图 5-53 所示。

从图 5-53 可知，"60 后""70 后"的累积百分率高达 79%，其余人群的百分率之和为 21%，可见给旅游公司带来丰厚利润的是"60 后"和"70 后"的人群，旅游公司应加强对这个群体的服务意识。

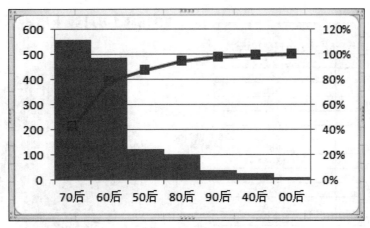

图 5-52　帕累托图初步效果

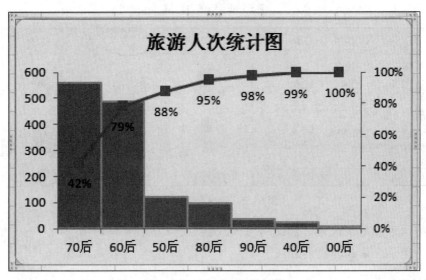

图 5-53　美化后的帕累托图

5.2.4　饼图

一个整体分成若干部分，表示每个部分所占的比重，一般用饼图表示。亦即结构相对数一般都用饼图展现。

1. 简单饼图

例 1：将工作簿"统计图.xlsx"的"饼图"工作表中的数据绘制成图 5-54 所示的饼图。

（1）打开"饼图"工作表，选择单元格区域 A2:B12，单击"插入"|"饼图"按钮，选择"二维饼图"中的第 1 个。

（2）单击"设计"选项卡，选择"图表布局"组的"布局 1"，在"图表样式"组中选择"样式 10"，如图 5-55 所示。

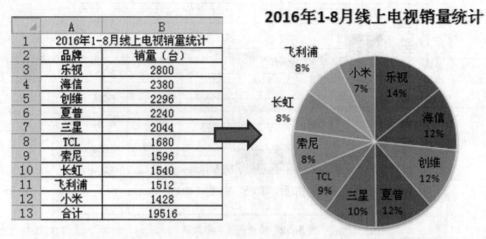

图 5-54　销量占比图

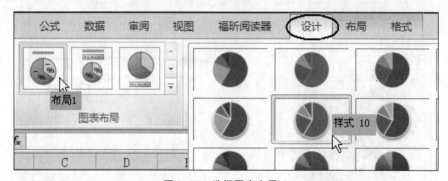

图 5-55　选择图表布局 1

（3）将图表标题修改为"2016 年 1—8 月线上电视销量统计"。

（4）为图表区添加喜欢的底纹。

2．复合条饼图

制作饼图时，有时会遇到这种情况：饼图中的一部分数值的占比较小，将其放到同一个饼图中难以看清这些数据，这时使用复合条饼图就可以提高小百分比数据的可读性。

例 2：将工作簿"统计图.xlsx"的"复合饼图"工作表的数据绘制成图 5-56 所示的复合条饼图。

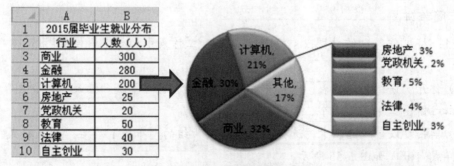

图 5-56　复合条饼图

（1）找到"复合饼图"工作表，选择单元格区域 A3:B10，单击"插入" | "饼图"按钮，选择"二维饼图"中的第 4 个（复合条饼图），如图 5-57 所示。

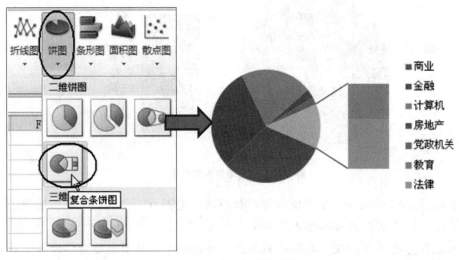

图 5-57　插入复合条饼图

（2）在饼图上双击鼠标，打开"设置数据系列格式"对话框，设置"系列分割依据"为"位置"，第二绘图区包含最后"5"个，如图 5-58 所示。

图 5-58　设置第二绘图区相关选项

（3）单击"设计"|"图表布局"|"布局1"按钮，效果如图5-59所示。

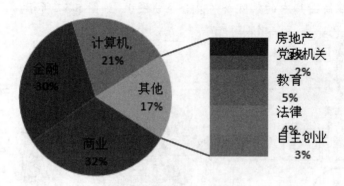

图 5-59　复合条饼图初步效果

（4）从图5-59可看出，条形图部分的标签因重叠而看不清楚，所以在饼图上单击鼠标右键，选择"设置数据标签格式"命令。

（5）在随后打开的"设置数据标签格式"对话框中，设置数据标签的分隔符为"，（逗号）"，如图5-60所示。

图 5-60　设置分隔符

（6）单击"设计"|"图表样式"|"样式26"按钮。

（7）将图表标题修改为"2015届毕业生就业分布"，效果如图5-61所示。

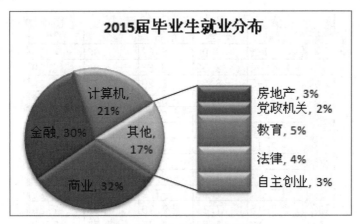

图 5-61　复合条饼图最终效果

（8）为图表区添加喜欢的底纹。

5.2.5　股价图

股价图，顾名思义，用来显示股价的波动，如图 5-62 所示。然而，这种图表也可用于展现其他波动性数据，例如使用股价图来显示每天或每年温度的波动。

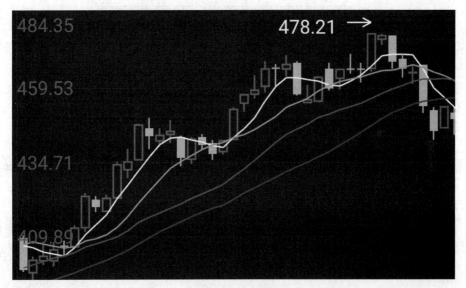

图 5-62　股价图

例：图 5-63 所示是某股票 2016 年 7 月的股价数据，请根据该数据绘制出该股票 7 月份的股价图。数据文件为"统计图.xlsx"中的"股价图"工作表。

（1）选择数据区域 B2:E22，单击"插入"|"其他图表"按钮，选择"股价图"中的第 2 个（开盘-最高-最低-收盘图），这种股价图要求数据必须按"开盘-最高-最低-收盘"依次排列，得到的股价图如图 5-64 所示。

	A	B	C	D	E
1	日期	开盘	最高	最低	收盘
2	7-1	8.08	8.58	7.98	8.33
3	7-4	8.32	8.63	8.24	8.39
4	7-5	8.24	8.29	7.97	7.99
5	7-6	7.91	8.57	7.91	8.42
6	7-7	8.52	8.67	8.17	8.39
7	7-8	8.3	8.3	7.95	8.15
8	7-11	8.08	8.24	8	8
9	7-12	7.92	8	7.7	7.89
10	7-13	7.91	7.97	7.75	7.86
11	7-14	7.83	7.9	7.82	7.82
12	7-15	7.79	7.79	7.53	7.56
13	7-18	7.57	7.75	7.57	7.68
14	7-19	7.65	7.86	7.65	7.81
15	7-20	7.81	7.84	7.62	7.81
16	7-21	7.8	7.94	7.76	7.92
17	7-22	8.71	8.71	8.59	8.71
18	7-25	9.57	9.57	9.57	9.57
19	7-26	9.76	10.54	9.34	10.26
20	7-27	10.06	10.06	9.42	9.47
21	7-28	9.43	9.57	8.72	8.79
22	7-29	8.71	8.93	8.63	8.91

图 5-63　股价数据

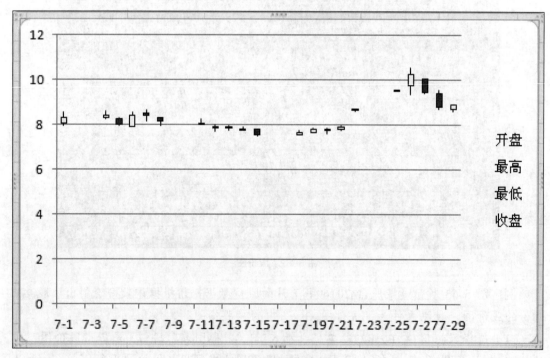

图 5-64　股价图初步效果

（2）将纵坐标的"最小值"改为 7，如图 5-65 所示。

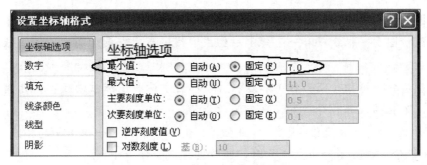

图 5-65　修改纵坐标的最小值

（3）将横坐标类型改成"文本坐标轴"，如图 5-66 所示。

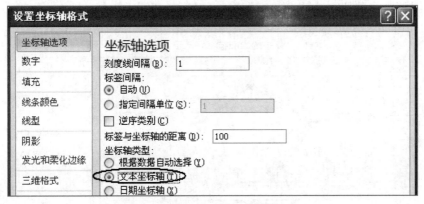

图 5-66　修改横坐标类型

（4）删除图例，添加图表标题，使用图表样式"样式 33"，效果如图 5-67 所示。

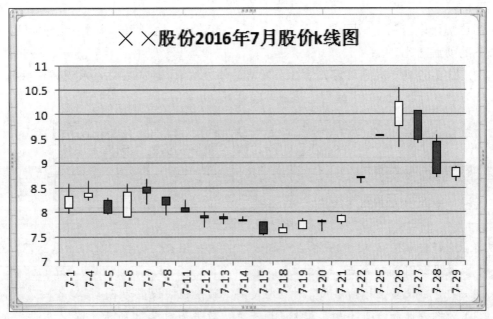

图 5-67　股价图最终效果

股价图解读：

（1）股价图由一根线段和一个矩形柱组成。线段最高点表示最高价，最低点表示最低价；

（2）矩形柱分涨柱（空心柱）和跌柱（实心柱）两种，涨柱的底部为开盘价、顶部为收盘价，跌柱的顶部为开盘价、底部为收盘价；

（3）当"开盘价=收盘价=最高价=最低价"时，股价图呈一根水平的横线"—"；当开盘价=收盘价，但最高价≠最低价时，股价图呈现十字"+"。

5.2.6 雷达图

雷达图因形状酷似雷达的形状而得名，如图 5-68 所示。

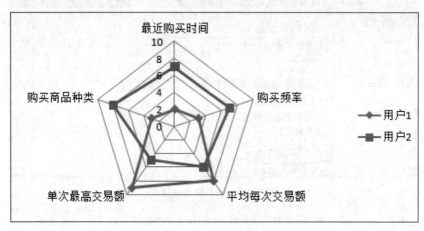

图 5-68 雷达图

雷达图可以应用于不同项目在多个指标上的对比，也可用于多个指标在不同时间状态下的前后对比。

例：图 5-69 所示是网络客户对 3 个网店的评分结果，请用雷达图展现该组数据。数据文件为"统计图.xlsx"中的"雷达图"工作表。

	A	B 产品质量	C 描述准确	D 在线服务	E 运输物流	F 售后服务
1		产品质量	描述准确	在线服务	运输物流	售后服务
2	店铺甲	9	8	9	9	8.5
3	店铺乙	8	7	9.5	8	8
4	店铺丙	8	9	8	9	7

图 5-69 网店评分

（1）选择数据区域 A1:F4，单击"插入"|"其他图表"按钮，选择"雷达图"中的第 1 个，效果如图 5-70 所示。

（2）打开"设置坐标轴格式"对话框，将"最小值"设置为 5。

（3）为图表区和绘图区设置喜欢的填充色，效果如图 5-71 所示。

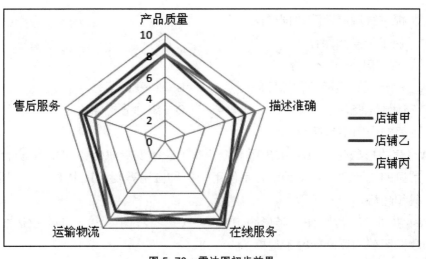

图 5-70 雷达图初步效果

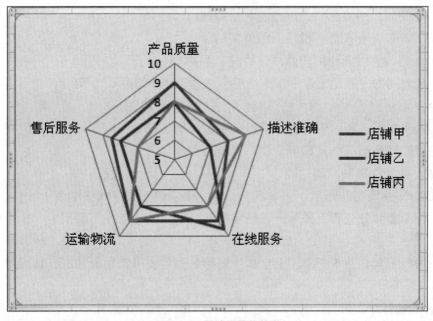

图 5-71 雷达图最终效果

5.3 练习

1．选择题

（1）计算机数据报表在信息处理过程中具有重要的作用，但这种作用不包括（　　　）。

    A．反映总体特征及各部分之间的关系

    B．便于统计分析

C. 提供直观清晰的数据形象

D. 便于积累和保存

（2）数据报表中一般不包括（　　　　）。

    A. 总标题、横标题和纵标题　　　　　　B. 制表日期

    C. 附注（备注）　　　　　　　　　　　　D. 统计分析结论

（3）图表的作用不包括（　　　　）。

    A. 表达形象化　　　B. 突出重点　　　C. 体现专业化　　　D. 节省存储

（4）常见的统计图表有多种，分别使用于各种应用需要，其中（　　　　）展示了数据的变化情况和趋势。

    A. 饼图　　　　　　B. 条形图　　　　　C. 折线图　　　　　D. 雷达图

（5）数据图表的评价标准不包括（　　　　）。

    A. 严谨。不允许细微的错误，经得住推敲

    B. 简约。图简意赅，重点说明主要观点

    C. 美观。令人赏心悦目，印象深刻

    D. 易改。便于让用户修改、扩充、利用

（6）某公司为了直观比较下属 6 个部门上季度的销售额，宜用（　　　　）来展现。

    A. 雷达图　　　　　B. 柱形图　　　　　C. 折线图　　　　　D. 散点图

（7）为比较甲、乙、丙 3 种计算机分别在品牌、CPU、内存、硬盘、价格、售后服务 6 个方面的评分情况，宜选用（　　　　）图表展现。

    A. 簇状柱形图或雷达图　　　　　　　　B. 折线图或雷达图

    C. 折线图或饼图　　　　　　　　　　　　D. 饼图或簇状柱形图

（8）一个整体分成若干部分，表示每个部分所占的比重，一般用（　　　　）展现。

    A. 柱形图　　　　　B. 折线图　　　　　C. 饼图　　　　　　D. 散点图

（9）为展示某企业 5 个部门上半年计划销售额与实际销售额情况，宜采用（　　　　）展现。

    A. 堆积折线图　　　　　　　　　　　　　B. 分离型饼图

    C. 带平滑线的散点图　　　　　　　　　　D. 簇状柱形图

2. 操作题

（1）2015 年京东空气净化器十大品牌销量统计资料如图 5-72 所示，源文件为"统计图.xlsx"中的"线柱双轴图"工作表。请在主坐标轴上将销售量绘制成柱形图，在次坐标轴上将环比增长速度绘制成折线图，效果如图 5-73 所示。

（2）2015 年"双 11"当天线上手机销售十大品牌销售额占比排行资料如图 5-74 所示，源文件为工作簿"统计图.xlsx"中的"复合条饼图"工作表。请将数据绘制成图 5-75 所示的复合条饼图，其中较大的占比放在饼图中，占比小于 5% 的放在条形图中。

	A	B	C
1	**2015年京东空气净化器销量统计（台）**		
2	时间	销售量	环比增长速度
3	1月	30795	
4	2月	33986	110.4%
5	3月	87302	256.9%
6	4月	47597	54.5%
7	5月	49594	104.2%
8	6月	120412	242.8%
9	7月	58278	48.4%
10	8月	55142	94.6%
11	9月	63783	115.7%
12	10月	55001	86.2%
13	11月	203327	369.7%
14	12月	139091	68.4%

图 5-72　空气净化器销量统计

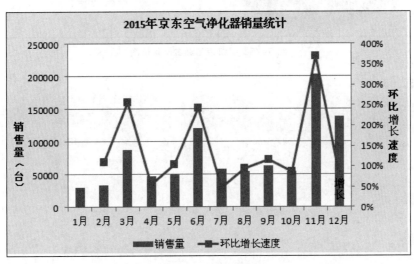

图 5-73　线柱双轴图

	A	B
1	**2015年双11当天线上手机销售**	
2	**品牌**	**销售额占比**
3	华为	29.9%
4	小米	22.2%
5	苹果	18.2%
6	魅族	16.0%
7	乐视	8.9%
8	360奇酷	1.5%
9	OPPO	1.4%
10	三星	0.9%
11	酷派	0.6%
12	锤子	0.4%

图 5-74　手机销售额占比

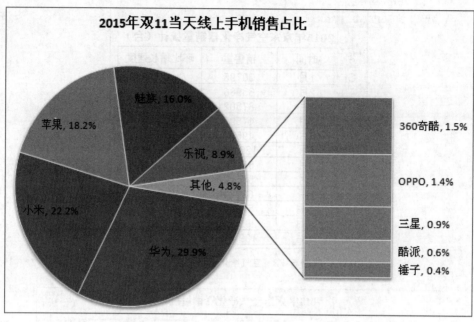

图 5-75 手机销售额占比条饼图

06 第6章
分析报告的撰写

数据分析的最后一步就是撰写分析报告。数据分析报告是对整个数据分析过程的一个总结与呈现，通过报告，把数据分析的起因、过程、结果及建议完整地呈现出来。数据分析报告也是一种沟通与交流的形式，主要在于将分析的结果、可行性建议以及其他有价值的信息传递给决策者，从而让决策者做出正确的理解、判断和决策。一般情况下，我们用 Word 或 PowerPoint 制作数据分析报告。

 ## 6.1　分析报告的作用与写作原则

6.1.1　分析报告的作用

数据分析报告主要有以下 3 个方面的作用。

（1）展示分析结果：分析报告以某一种特定的形式将数据分析结果清晰地展示给决策者，使他们能够迅速理解所研究问题的基本情况、结论与建议等内容。

（2）验证分析质量：通过分析报告中对数据分析方法的描述、对数据结果的处理与分析等几个方面来检验数据分析的质量，并让决策者感受到整个数据分析过程是科学并且严谨的。

（3）为决策者提供参考依据：虽然做数据分析的人往往是没有决策权的工作人员，但分析报告的结论与建议将会被决策者重点阅读，为决策者做最终决策提供参考依据。

6.1.2　分析报告的写作原则

分析报告的输出是整个分析过程的成果，是评定一个产品、一个运营事件的定性结论，很可能是产品决策的参考依据。既然这么重要，那当然要写好它了。

无论数据收集的过程多么科学，数据分析的方法多么高深，数据处理的手段多么先进，如果不能将它们有效地组织展示出来，并与决策者进行沟通交流，就无法向决策者提供一个满意的答案。所以，一份好的分析报告，应遵循以下几个原则。

（1）要确保分析报告的可读性。每个人都有自己的阅读习惯和思维方式，写东西总会按照自己的思维逻辑来写，自己觉得很明白，但别人不一定如此了解，因为阅读者往往只会花很少的时间来阅读。因此要分析阅读者是谁，他们最关心什么。必须站在阅读者的角度去写。

（2）分析报告要有逻辑性。分析报告通常要遵循"发现问题－总结问题原因－解决问题"这样一个流程来写，逻辑性强的分析报告层次明了、架构清晰，能让阅读者一目了然、容易读懂，让人有读下去的欲望。

（3）分析报告一定要有建议或解决方案。作为决策者，需要的不仅仅是找出问题、分析问题，更重要的是要有解决问题的建议或方案，以便他们在决策时做参考。所以，数据分析师不仅需要掌握数据分析方法，而且还要了解和熟悉业务，这样才能提出具有可行性的建议或解决方案。

（4）分析报告的结论不要多而要精。精简的结论容易让阅读者接受，减少阅读者的阅读心理门槛。如果报告中的问题太多，结论太烦琐，读不下去，一百个结论也等于零。

（5）数据分析报告尽量图表化。图文并茂可以令数据更加生动活泼，提高视觉冲击力，有助于阅读者更形象、直观地看清楚问题和结论，从而产生思考。

（6）说明数据的来源以示数据的可靠程度。没有数据来源的正确性，就不能确保分析结果的可靠性。

（7）要感谢那些为你的分析报告提供帮助和做出努力的人。懂得感恩和分享成果的人，才会赢得更多的支持和尊敬。

6.1.3　分析报告的结构

数据分析报告的结构主要包括开篇、正文、结尾三大部分，具体可以按以下流程来写。

158

（1）清楚业务目标。

（2）查看数据分析的结果、报表、图表。

（3）发现问题。

（4）分析原因。

（5）提出建议。

6.1.4　Word 分析报告范文

员工离职原因分析报告

鉴于本公司最近离职员工较多，为加强公司与员工之间的沟通与深入交流，了解离职员工的真实想法与原因，为公司从根本上解决问题、改变现状，力争留住现有员工，降低公司人员流失率提供依据，本周特抽取五金部部分待离职员工进行离职面谈。

面谈时间：2013 年 8 月 11 日 15:00

面谈地点：人力资源部 5F 会议室

面谈对象：五金部 8 月 12 日办理离职手续的员工

面谈内容：待离职员工的真实离职原因

本次共对 13 位五金部待离职员工进行离职面谈，通过整理统计问卷数据，得到相关数据及分析。

1. 离职员工年龄构成

通过调查可知，此次待离职的 13 名人员当中，"90 后"有 7 人，占本次面谈人数的 53.85%；"80 后"有 4 人，占 30.77%；而"70 后"有 2 人，占 15.38%，其统计表和统计图如表 6-1 和图 6-1 所示。由此可见，"90 后"占五金部离职人员人数的比例较大。

表 6-1　离职人员年龄构成表

离职人员年龄构成		
年龄阶段	人数	百分比
90 后	7	53.85%
80 后	4	30.77%
70 后	2	15.38%
总计	13	100.00%

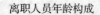

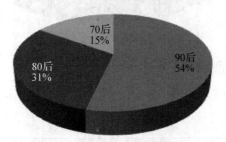

图 6-1　离职人员年龄构成图

2. 离职员工工龄构成

在离职员工工龄方面，工龄为 1 个月的 8 人，占本次面谈总人数的 61.54%；2～3 个月和 6～12 个月的各两人，各占 15.38%；工龄为 6～7 年的只有一人，占 7.69%，统计表和统计图如表 6-2 和图 6-2 所示。由此可见，离职员工中大部分都是刚入职不久的新员工，因此，在新员工招聘上，应适当调整选聘五金部员工的条件，招聘更能适应此部门工作的员工。

表 6-2　离职人员工龄构成表

离职人员年龄构成		
工龄	人数	百分比
0～1 月	8	61.54%

离职人员年龄构成		
工龄	人数	百分比
2~3 月	2	15.38%
6~12 月	2	15.38%
6~7 年	1	7.69%
总计	13	100.00%

离职人员工龄构成

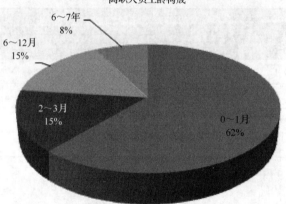

图 6-2 离职人员工龄构成图

3. 员工离职的主要原因

员工离职主要原因构成表和构成图如表 6-3 和图 6-3 所示。

表 6-3 离职原因构成表

离职原因构成					
内部原因	人数	百分比	外部原因	人数	百分比
伙食不好	4	30.77%	健康因素	1	7.69%
上班时间长	10	76.92%	求学深造	5	38.46%
工作量太大	4	30.77%	转换行业	1	7.69%
工作环境不好	4	30.77%			
无晋升机会	1	7.69%			
工作无成就感	1	7.69%			

由离职原因调查表和调查图可以看出：员工离职主要有两大原因，即外部原因与内部原因。内部原因包括公司伙食不好、上班时间长、工作量太大、工作环境不好、无晋

升机会及工作无成就感 6 个方面；外部原因有健康因素、求学深造、转换行业等个人原因。在以上内部原因中，上班时间与工作环境是导致这 13 位待离职员工离职的主要原因。据员工反映：过长的上班时间使他们身体疲惫，干活提不起劲，从而导致工作效率不高；在工作环境方面，主要反映车间太热、太脏，建议加装数台电风扇；此外，待离职员工还反映，上级应多关注员工身体状况。

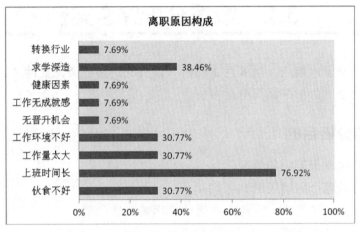

图 6-3　离职原因构成图

综合以上各方面数据及图表，现针对员工离职原因进行分类，主要有以下几个方面。

（1）不适应当前工作环境。主要是新入职的"80 后""90 后"员工，不适应五金部工作环境及过长的工作时间，普遍反映车间过脏、过热，工作量太大，比入厂时想象的辛苦很多。

（2）家庭原因以及个人身体状况导致辞职。这类辞职员工主要是老员工，工龄 6 个月以上的，均因结婚、怀孕、身体不适，以及有急事需辞工返乡。他们还表示，如果不是以上这些原因，他们还会继续留厂。

（3）个人发展定位与公司的晋升空间不对称。主要是新入职的"80 后""90 后"均是中专及高中以上学历的员工，他们想换一个有晋升空间的工作，或者继续求学深造。

针对以上几个方面情况，建议如下。

（1）留住老员工，及时了解新入职"80 后""90 后"的想法及心理动态，多与新员工沟通，不仅要在工作上给予其帮助，而且要在生活上多给予关心，缩短新入职员工对公司的不适应期，加强其对公司的归属感。对于新员工提出的建议，合理的部分尽量给予改善，不合理的部分要对其讲清楚原因，让员工感觉到部门/公司对他们的尊重和关注。

（2）晋升方面。从 7 月份开始，各部门都要制订部门的晋升管理制度，为员工的晋升提供明确清晰的晋升标准、透明客观的晋升流程、不同发展方向的晋升路线。员工可以根据自身条件，制订符合自己的职业规划，有侧重点地提升、完善自己。希望部门能在开会时及时向员工宣导此制度，让员工对部门/公司，特别是自己的发展充满希望，也能有针对性地对自己的职业发展方向进行规划。

人力资源部
2013 年 8 月 13 日

（来源：https://wenku.baidu.com/view/671c692bfe4733687e21aa6d.html）

6.2 数据分析综合案例

张三新开了一家水果店，从 8 月 1 日开张以来的销售记录见文件"综合案例.xlsx"，请对数据进行适当的分析并撰写分析报告。

6.2.1 确定分析目的

（1）分析每类水果的销售情况。

（2）分析每天每个时间段的销售规律。

（3）分析每周的销售额，并对下一周的销售情况做预测。

（4）分析每天的销售额，并据此预测下一个双休日的销售情况。

6.2.2 进行数据分析

1．分析每类水果的销售情况

思路：将数据按商品名称进行分组，统计每种水果的销量之和。

方法：利用数据透视表进行分组。

操作过程：

（1）单击数据区域 A1:D691 中的任意一个单元格，再选择"插入"|"数据透视表"命令，参照图 6-4 所示制作数据透视表。

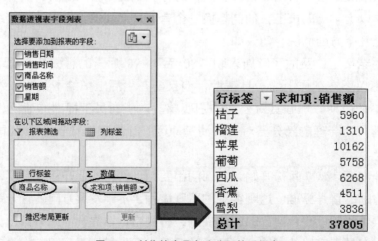

图 6-4 制作按商品名称分组的透视表

（2）将透视表制作成通俗易懂的统计表，如表 6-4 所示。

表 6-4　水果销售额统计表

水果名称	销售额（元）
橘子	5960
榴莲	1310
苹果	10162
葡萄	5758
西瓜	6268
香蕉	4511
雪梨	3836
总计	37805

（3）绘制统计图，如图 6-5 所示。

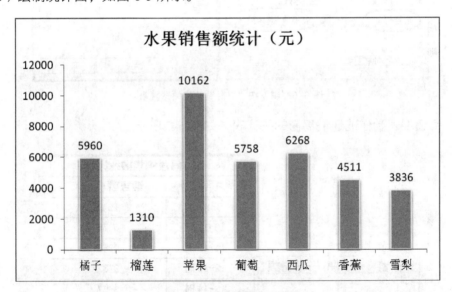

图 6-5　水果销售额统计图

（4）得出结论：苹果的销售金额最大，榴莲的销售金额最低，其他水果的销售情况相当。两点建议：①苹果的仓储、进货、质量要确保，以确保大众消费者的需求，确保店铺的基本利润；②做些榴莲的促销活动，让消费者对榴莲有更好的认识。榴莲属于高价水果，如果能稍微扩大榴莲的消费人群，能更容易提升整个店铺的营利。

2．分析每天每个时间段的销量规律

思路：将数据按销售的时间进行分组统计，每 1 个小时为一组，统计每小时的销量之和。

方法：利用数据透视表进行分组。

操作过程：

（1）单击数据区域 A1:D691 中的任意一个单元格，再选择"插入"|"数据透视表"命令，参照图 6-6 所示制作数据透视表并创建组。

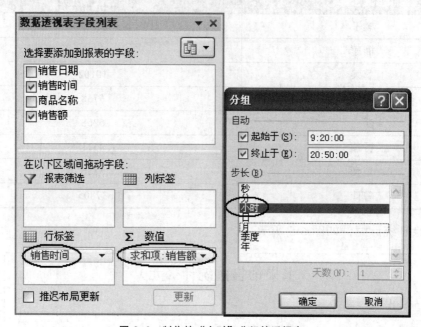

图 6-6　制作按"小时"分组的透视表

（2）将透视表制作成通俗易懂的统计表，如图 6-7 所示。

行标签 ▼	求和项:销售额
9时	1946
10时	3175
11时	2368
12时	2732
13时	3657
14时	2820
15时	3432
16时	3119
17时	3197
18时	3413
19时	4054
20时	3892
总计	37805

各时间段销售额统计表	
销售时间	销售额（元）
9-10时	1946
10-11时	3175
11-12时	2368
12-13时	2732
13-14时	3657
14-15时	2820
15-16时	3432
16-17时	3119
17-18时	3197
18-19时	3413
19-20时	4054
20-21时	3892
总计	37805

图 6-7　按"小时"分组的透视表与统计表

（3）绘制统计图，如图 6-8 所示。

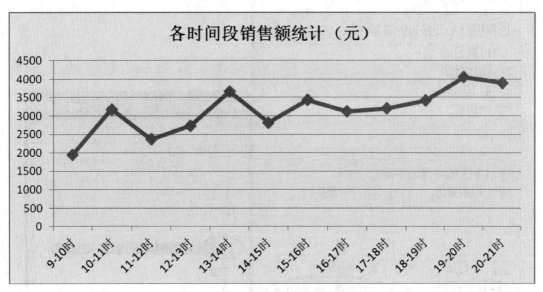

图 6-8　各时间段销售额统计图

（4）得出结论：除上午 10—11 时有一个局部的销售小高峰外，一天当中，生意是越来越好，尤其是晚上 19—21 时之间达到一天的销售高峰，建议延迟一个小时下班。

3．分析每周的销售额，并对下一周的销售额做预测

思路：将销售额按周进行分组求和（即 7 天为 1 组进行分组）。

方法：利用数据透视表进行分组。

操作过程：

（1）单击数据区域 A1:D691 中的任意一个单元格，再选择"插入"|"数据透视表"命令，参照图 6-9 所示制作数据透视表并创建组。

（2）将透视表制作成通俗易懂的统计表，如图 6-10 所示。

（3）绘制散点图，如图 6-11 所示。

（4）分析图表：从图 6-11 可以看出，数据点较接近一条直线，可以用直线来模拟每周的销售情况，直线方程为 $y=381.46x+4965.7$，决定系数 $R^2=0.8316$，如图 6-12 所示。

从图 6-11 可以看出，第 1 周的销量偏大，这可能是因为开张促销的结果，所以不妨去掉第 1 周的数据进行分析预测。删除第 1 个数据后，模拟出来的直线方程为 $y=518.8x+4843.6$，$R^2=0.9727$，如图 6-13 所示。

（5）根据趋势线方程 $y=518.8x+4843.6$，预测下一周的销售额=518.816×4843.6=7956.4（元）。

4．分析每天的销售额，并预测下一个双休日的销售情况

思路：将销售额按天进行分组求和。

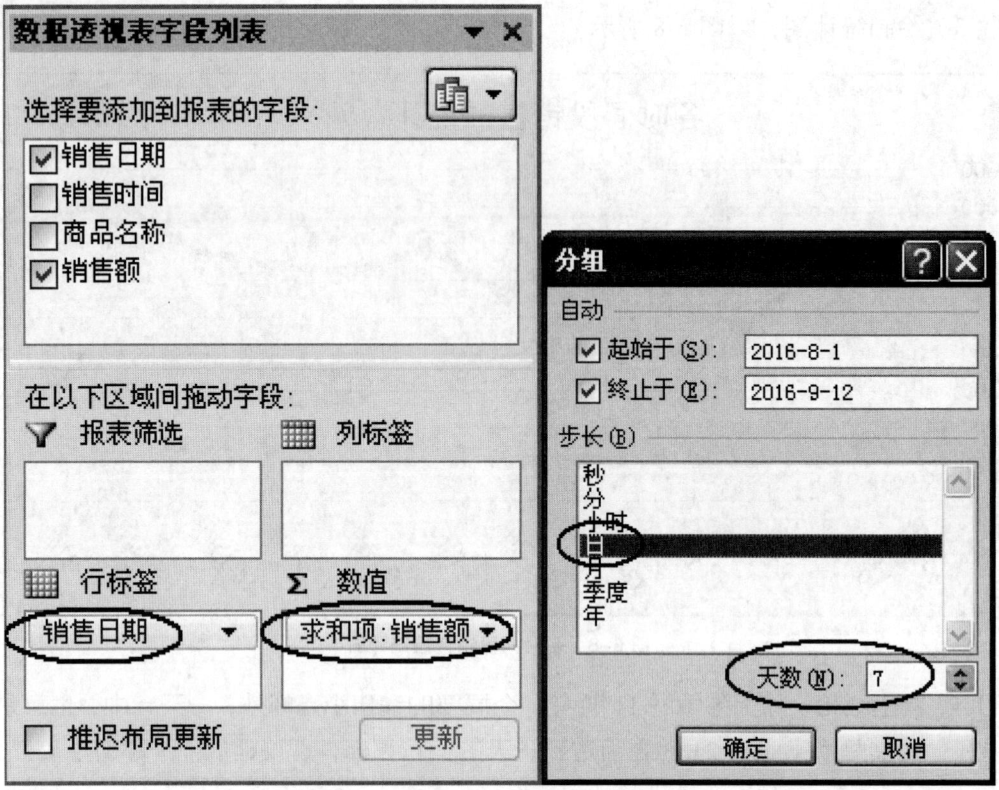

图 6-9 制作按"周（7天）"分组的透视表

每周销售额统计表	
日期	销售额（元）
第 1 周	5805
第 2 周	5392
第 3 周	5716
第 4 周	6611
第 5 周	6874
第 6 周	7407
总计	37805

行标签	求和项:销售额
2016-8-1 – 2016-8-7	5805
2016-8-8 – 2016-8-14	5392
2016-8-15 – 2016-8-21	5716
2016-8-22 – 2016-8-28	6611
2016-8-29 – 2016-9-4	6874
2016-9-5 – 2016-9-11	7407
总计	37805

图 6-10 按"周"分组的透视表与统计表

方法：利用数据透视表进行分组。

操作过程：

（1）单击数据区域 A1:D691 中的任意一个单元格，再选择"插入"|"数据透视表"命令，创建按销售日期进行分组、统计销售额之和的数据透视表，参照图 6-14 所示创建分组。

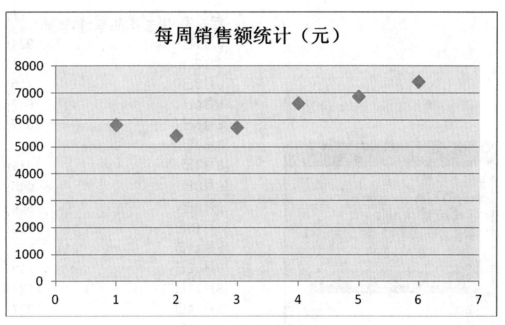

图 6-11 每周销售额散点图

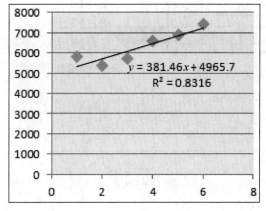

图 6-12 数学模型一

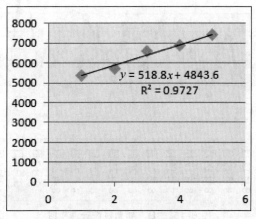

图 6-13 数学模型二

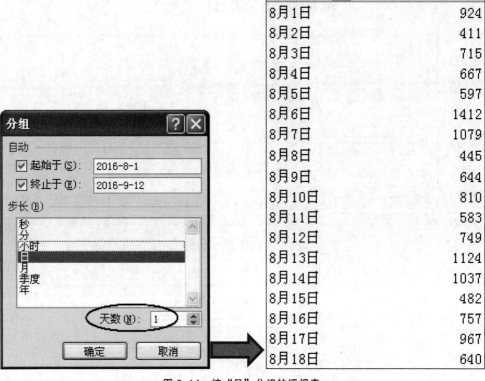

行标签	求和项:销售额
8月1日	924
8月2日	411
8月3日	715
8月4日	667
8月5日	597
8月6日	1412
8月7日	1079
8月8日	445
8月9日	644
8月10日	810
8月11日	583
8月12日	749
8月13日	1124
8月14日	1037
8月15日	482
8月16日	757
8月17日	967
8月18日	640

图 6-14 按"日"分组的透视表

（2）单击透视表的某一个单元格，单击"插入"|"折线图"按钮，所得的透视图如图 6-15 所示。

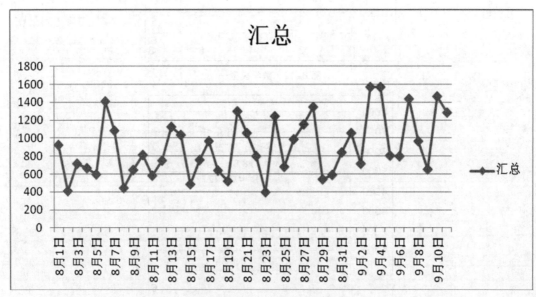

图 6-15 "日"销售额统计透视图

从图 6-15 可以看出，日销售额呈现较有规则的上下波动，所以，可以考虑用同期平均法进行分析预测。

　　（3）为方便后续的操作，增加一列"星期"，并用 weekday 函数计算销售日期的星期数，如图 6-16 所示。

	A	B	C	D	E	F	G	H
1	销售日期	销售时间	商品名称	销售额	星期			
2	2016-8-1	11:10	葡萄		=weekday(A2,2)			
3	2016-8-1	11:30	苹果	¥ 180	WEEKDAY(serial_number, [return_type])			
4	2016-8-1	12:10	苹果	¥ 18		1 - 从 1（星期日）到 7（星期六）的数字		
5	2016-8-1	12:30	雪梨	¥ 28		2 - 从 1（星期一）到 7（星期日）的数字		
6	2016-8-1	13:10	苹果	¥ 140		3 - 从 0（星期一）到 6（星期日）的数字		

图 6-16　计算销售日期的星期数

　　（4）插入透视表，操作如图 6-17 所示，所得的透视表如图 6-18 所示。

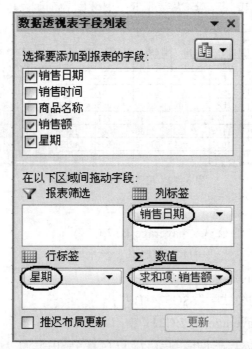

图 6-17　既按"周"分组又按"星期数"分组的透视表布局

求和项:销 列标签 ▼							
行标签 ▼	2016-8-1 — 2016-8-7	2016-8-8	2016-8-15	2016-8-22	2016-8-29	2016-9-5	总计
1	924	445	482	801	542	808	4002
2	411	644	757	398	589	800	3599
3	715	810	967	1245	837	1437	6011
4	667	583	640	680	1053	962	4585
5	597	749	519	984	717	651	4217
6	1412	1124	1299	1155	1568	1466	8024
7	1079	1037	1052	1348	1568	1283	7367
总计	5805	5392	5716	6611	6874	7407	37805

图 6-18　透视表

（5）将透视表制作成通俗易懂的统计表，如表 6-5 所示。

表 6-5　统计表

每周销售额统计（元）					
	第1周	第2周	第3周	第4周	第5周	第6周
星期一	924	445	482	801	542	808
星期二	411	644	757	398	589	800
星期三	715	810	967	1245	837	1437
星期四	667	583	640	680	1053	962
星期五	597	749	519	984	717	651
星期六	1412	1124	1299	1155	1568	1466
星期日	1079	1037	1052	1348	1568	1283

（6）在 Excel 中利用同期平均法完成下一周数据的预测，结果如图 6-19 所示。

	A	B	C	D	E	F	G	H	I	J
16		第1周	第2周	第3周	第4周	第5周	第6周	同期平均数	季节指数	预测第7周
17	星期一	924	445	482	801	542	808	667	74.10%	784.1
18	星期二	411	644	757	398	589	800	599.8	66.64%	705.1
19	星期三	715	810	967	1245	837	1437	1001.8	111.30%	1177.7
20	星期四	667	583	640	680	1053	962	764.2	84.90%	898.3
21	星期五	597	749	519	984	717	651	702.8	78.08%	826.2
22	星期六	1412	1124	1299	1155	1568	1466	1337.3	148.57%	1572.1
23	星期日	1079	1037	1052	1348	1568	1283	1227.8	136.41%	1443.4
24	平均						1058.14	900.1		

图 6-19　用同期平均法分析预测

所用的公式如下：

① 同期平均数 H17 的公式"=average(B17:G17)"；

② 季节指数 I17 的公式"=H17/$H$24"；

③ H24 的公式"=average(H17:H23)"；

④ 预测数据 J17 的公式="$G$24*I17"；

⑤ G24 的公式"=average(G17:G23)"。

（7）预计下一个双休日的销售额=1572.1+1443.4=3015.5（元）。

6.2.3　撰写分析报告

内容见文件"水果销售分析报告.pptx"。

6.3　练习

1．选择题

（1）数据分析项目完成后，一般要撰写工作总结和数据分析报告。数据分析报告中应包括（　　　）。

  A．经费的使用情况   B．项目组各成员的分工和完成情况

  C．计划进度和实际完成情况   D．数据分析处理方法和数据分析结论

（2）数据分析报告的作用不包括（　　　）。

  A．展示分析结果   B．验证分析质量

  C．论证分析方法   D．向决策者提供参考依据

（3）某企业需要撰写并发布某种产品市场情况的调查报告。以下各项中，除（　　　）外都是对撰写调查报告的原则性要求。

  A．围绕主题，数据精确，用词恰当 B．说明调查时间、范围和调查方法

  C．用简单的语言和直观的图表述 D．说明调查过程中克服困难的经历

（4）数据分析报告的质量要求中不包括（　　　）。

  A．结构合理，逻辑清晰   B．实事求是，反映真相

  C．篇幅适宜，简洁有效   D．像一篇高水平的论文

2．综合题

做一个关于大学生兼职情况的调查分析，并撰写分析报告。